哈佛宝宝养育录

— 成 功 育 儿 一 百 实 践 —

王 琪 著／绘

图书在版编目(CIP)数据

哈佛宝宝养育录：成功育儿一百实践/王琪著．—北京：北京大学出版社，2015.5
ISBN 978-7-301-25776-0

Ⅰ.①哈… Ⅱ.①王… Ⅲ.①婴幼儿－哺育－基本知识 Ⅳ.①TS976.31

中国版本图书馆CIP数据核字(2015)第088406号

书　　名	哈佛宝宝养育录：成功育儿一百实践
著作责任者	王　琪　著/绘
责任编辑	陈小红　赵晴雪
标准书号	ISBN 978-7-301-25776-0
出版发行	北京大学出版社
地　　址	北京市海淀区成府路205号　100871
网　　址	http://www.pup.cn　　新浪微博：@北京大学出版社
电子信箱	zpup@pup.cn
电　　话	邮购部62752015　发行部62750672　编辑部62752021
印刷者	北京中科印刷有限公司
经销者	新华书店
	880毫米×1230毫米　A5　6.75印张　55千字
	2015年5月第1版　2015年5月第1次印刷
定　　价	36.00元

未经许可，不得以任何方式复制或抄袭本书之部分或全部内容。
版权所有，侵权必究
举报电话：010-62752024　电子信箱：fd@pup.pku.edu.cn
图书如有印装质量问题，请与出版部联系，电话：010-62756370

鸣　谢

　　我首先要感谢我的师弟、我十多年的研究合作人、北京大学心理学系的侯玉波教授。侯老师一直鼓励我写这本书，鼓励我早早写完，并给我出了不少好主意。

　　第二位我要感谢的人是北京大学出版社的陈小红老师。谢谢陈老师对这本书的看好，以及在书的写作过程中提供的宝贵建议。

　　这本书大部分是用英文写的。我要感谢我的博士研究生宋清芳，她在很短时间内把中文初稿译出来，而且译得非常准确。

　　我还要感谢在我的宝宝外外成长过程中，所有那些关爱他的亲人和朋友们，特别是爷爷奶奶、外公外婆，他们尤其疼爱这个最小的孙子。还有高老师一家，把外外和我们当自家人一样关心对待。最后还要感谢我的先生、世界上数一数二的爸爸斯蒂文。书中的不少实践是我根据观察他和外外玩耍、反思而得来的。作为爸爸，能像他一样对宝宝的成长那么投入，很是难得。

目 录

为什么要读这本书？怎么读？ ………………………… 1

1. 宝宝出生前就开始与他／她情感交流 ………… 6
2. 给未出生的宝宝听音乐讲故事 ………………… 8
3. 拥有一个快乐的宝宝 …………………………… 10
4. 适时应对宝宝的哭 ……………………………… 12
5. 对宝宝要"狠"一点 …………………………… 14
6. 如何给宝宝养成好的睡眠习惯 ………………… 16
7. 建立日常作息 …………………………………… 18
8. 不要吝惜向宝宝示爱 …………………………… 20
9. 为宝宝创造双语环境 …………………………… 22
10. 让宝宝置身于启发思维的刺激信息中 ………… 24
11. 让书早早成为宝宝生活中的一部分 …………… 26
12. 一如既往地用快乐来回应宝宝 ………………… 28
13. 每天为宝宝做全身按摩 ………………………… 30
14. 让教育无时不在 ………………………………… 32
15. 和爷爷奶奶"约法三章" ……………………… 34

16. 和宝宝建立依恋关系 ⋯⋯⋯⋯⋯⋯⋯⋯⋯⋯ 36
17. 给宝宝一些独处的时间 ⋯⋯⋯⋯⋯⋯⋯⋯⋯ 38
18. 玩中创意 ⋯⋯⋯⋯⋯⋯⋯⋯⋯⋯⋯⋯⋯⋯⋯ 40
19. 培养一个外向友善的宝宝 ⋯⋯⋯⋯⋯⋯⋯⋯ 42
20. 宝宝生活中的一点"辣" ⋯⋯⋯⋯⋯⋯⋯⋯ 44
21. 带宝宝逛书店 ⋯⋯⋯⋯⋯⋯⋯⋯⋯⋯⋯⋯⋯ 46
22. 尽量频繁地和宝宝说话 ⋯⋯⋯⋯⋯⋯⋯⋯⋯ 48
23. 让宝宝尽早接触乐器 ⋯⋯⋯⋯⋯⋯⋯⋯⋯⋯ 50
24. 利用音乐来培养宝宝的数学意识 ⋯⋯⋯⋯⋯ 52
25. 鼓励宝宝用手 ⋯⋯⋯⋯⋯⋯⋯⋯⋯⋯⋯⋯⋯ 54
26. 带宝宝参加家庭聚会 ⋯⋯⋯⋯⋯⋯⋯⋯⋯⋯ 56
27. 邀请朋友带孩子来家里玩 ⋯⋯⋯⋯⋯⋯⋯⋯ 58
28. 把睡觉前讲故事当作一项日常作息活动 ⋯⋯ 60
29. 和宝宝玩"镜子游戏" ⋯⋯⋯⋯⋯⋯⋯⋯⋯ 62
30. 让宝宝尽早接触艺术和古典音乐 ⋯⋯⋯⋯⋯ 64
31. 让宝宝观察因果关系 ⋯⋯⋯⋯⋯⋯⋯⋯⋯⋯ 66
32. 一次只给宝宝一两个玩具 ⋯⋯⋯⋯⋯⋯⋯⋯ 68
33. 给宝宝选择建议年龄稍大的玩具 ⋯⋯⋯⋯⋯ 70
34. 做宝宝的榜样 ⋯⋯⋯⋯⋯⋯⋯⋯⋯⋯⋯⋯⋯ 72
35. 调整生活的重心 ⋯⋯⋯⋯⋯⋯⋯⋯⋯⋯⋯⋯ 74
36. 和宝宝捉迷藏 ⋯⋯⋯⋯⋯⋯⋯⋯⋯⋯⋯⋯⋯ 76

37.	玩"记忆游戏"	78
38.	唱歌给宝宝听	80
39.	带宝宝参加音乐会	82
40.	带宝宝去博物馆	84
41.	和朋友家人一起给宝宝过生日	86
42.	宝宝的看护人之间应做法一致	88
43.	鼓励宝宝表达各种情绪	90
44.	帮助宝宝掌握情绪方面的知识	92
45.	向宝宝示范如何应对负面情绪	94
46.	有选择性地陪宝宝看电视	96
47.	把浴缸变作宝宝玩耍和学习的绝佳场地	98
48.	和宝宝"谈数学"	100
49.	鼓励宝宝自由探索	102
50.	用手语和手势来促进宝宝的沟通技能	104
51.	和宝宝用字卡来玩字词游戏	106
52.	在字卡游戏中学习新知识	108
53.	给宝宝玩纸和盒子	110
54.	慷慨地表扬宝宝	112
55.	无论夸奖还是批评都要针对行为	114
56.	用促进性的方式夸奖宝宝	116
57.	带宝宝去真正的游泳池上游泳课	118

- 58. 给宝宝启动行为的时间 ········ 120
- 59. 继续为宝宝创造丰富的语言环境 ········ 122
- 60. 教宝宝身体部位的名称 ········ 124
- 61. 帮宝宝建立个人史 ········ 126
- 62. 帮宝宝养成整理房间的好习惯 ········ 128
- 63. 促进好习惯的养成 ········ 130
- 64. 做镇定自如的父母 ········ 132
- 65. 制造开怀大笑的机会 ········ 134
- 66. 和宝宝一起玩解决问题的游戏 ········ 136
- 67. 让宝宝尽情奔跑 ········ 138
- 68. 向宝宝示范什么是坚持不懈 ········ 140
- 69. 巩固宝宝的新技能 ········ 142
- 70. 有选择性地陪宝宝看教育类节目 ········ 144
- 71. 给宝宝创造和大孩子们玩的机会 ········ 146
- 72. 一有机会就和宝宝一起数数 ········ 148
- 73. 让宝宝自己吃饭 ········ 150
- 74. 弄懂宝宝想要告诉你什么 ········ 152
- 75. 在宝宝犯错时使用"time out" ········ 154
- 76. 培养宝宝的诗人情怀 ········ 156
- 77. 一起演奏音乐 ········ 158
- 78. 和宝宝玩"完成句子"的游戏 ········ 160
- 79. 和宝宝一起上音乐课 ········ 162

- *80.* 将英文学习融入生活 ················· 164
- *81.* 让宝宝乱涂乱画 ··················· 166
- *82.* 培养宝宝有礼貌 ··················· 168
- *83.* 鼓励宝宝自己做事 ·················· 170
- *84.* 培养宝宝的好奇心 ·················· 172
- *85.* 给宝宝一只宠物吗 ·················· 174
- *86.* 开始给宝宝灌输像尊老爱幼这样的重要价值观 ···· 176
- *87.* 给宝宝讲家史 ···················· 178
- *88.* 教宝宝时间和方向等抽象概念 ············ 180
- *89.* 和宝宝一起探索户外环境 ·············· 182
- *90.* 培养宝宝的自控能力 ················ 184
- *91.* 让宝宝做个小摄影师 ················ 186
- *92.* 和宝宝一起做饭 ··················· 188
- *93.* 让宝宝玩沙子 ···················· 190
- *94.* 如何帮助宝宝养成健康的饮食习惯 ·········· 192
- *95.* 带上宝宝去旅行 ··················· 194
- *96.* 为宝宝上幼儿园作准备 ··············· 196
- *97.* 鼓励宝宝的自主感 ·················· 198
- *98.* 与宝宝交谈，并倾听他/她的心声 ·········· 200
- *99.* 培养宝宝的独特感 ·················· 202
- *100.* 培养一个懂得感恩的宝宝 ·············· 204

为什么要读这本书?
怎么读?

　　我在北京大学心理系取得学士学位。之后,因为我对儿童发展和教育极感兴趣,就在哈佛大学心理系专攻发展心理学并获得博士学位。在美国八所长春藤大学之一的康奈尔大学任教的这些年中,我对早期和中期儿童社会认知的发展作了大量研究,并考察了家庭亲子互动对儿童认知发展的重要影响。先前我的写作和发表论文主要是针对学术界,我的读者主要是心理学家以及心理学系的学生。我的宝宝外外的出生给了我很大的影响和启发。在养育外外的过程中,我有了很多机会对儿童发展的心理学理论进行反思,并设想如何把这些理论最好地应用到每天的生活实践中,去促进和提高宝宝潜能的发展。我也意识到,也许我所拥有的知识的最好价值体现是去帮助那些千千万万和我一样、对孩子有着重望的爸爸妈妈们。这本书是写给爸爸妈妈看的,特别是正在期待宝宝出生的爸爸妈妈

1

们，以及三岁以下（含三岁）宝宝的爸爸妈妈们。

在最初的这几年里，宝宝的身体、大脑、心理及相应的技能都迅速发育发展，其间经历无数的关键期、转折点和人生的第一次，像第一次社会性微笑，迈出第一步，叫第一声爸爸妈妈，第一次有了"我"的概念，等等。体能的发展就不必说了。在认知方面，宝宝发展了今后智力发育必需的记忆、知觉和注意力，基本学会了用自己的母语交流，掌握了一些基础的数学概念（如大小、形状、数量等），对一些自然现象从好奇到初步了解，并对周围的人和事形成概念和分类（如有生命的东西与人造的东西）。在情感方面，两三岁的宝宝不但懂得喜怒哀乐这些基本情绪，还能体验像内疚、害羞、羞耻、自豪等与自我意识相关的情绪。与此相伴的是自我意识和自我概念的发展，宝宝开始表现出个性和主见，在行为和思想上都有要求独立的愿望。这个阶段也是同情心和道德心的萌芽期，宝宝对好与坏、对与错有了初步的概念，并开始形成一些对今后的发展有重要影响的品格和习惯。宝宝的社会技能就更是突飞猛进，他们的社会圈从刚开始最亲近的家人逐渐扩展，宝宝也在与各种人——包括自己的小伙伴——互动的过程中领悟社交规范和行为预期。总而言之，在短短的几年内，宝宝从混沌不清的新生儿成长为知事知理、能说会笑、有自我意识的学龄前儿童。另一方面，也正由于宝宝的身体、大脑和心理都还在发育发展中，宝宝的行为和技能仍有欠缺，如缺乏控制自己情绪和行为的能力，难以抑制已有的思维或行为习惯，知识和经验有限，容易被外表现象迷惑而错过其本质，思维只基于具体事物，等等。无论是促进发展还是弥补不足，早期的教育引导都至关重要。

  在养育外外的过程中，我有意识地根据发展心理学的研究发现，运用各种实践方法去促进对他有益的发展。我知道我想培养外外具备什么样的品质：我想有一个快乐、健康、聪明、独立、尊敬他人、爱父母、自信、坚忍不拔、有同情心的宝宝。这些品质在中西方儿童教育的理念和实践中强调不一。我认为最有效的方式是将两个文化中儿童教育的精华结合起来，发展一套中西兼并的独特实践模式，以培养在未来市场经济及全球化的社会里最有竞争力的孩子。宝宝生活中最初的几年是发展的萌芽期和成型期,俗话说的"三岁看到老",不无道理。在这阶段,宝宝就像海绵一样饥渴地吸取各种信息和知识,你可以最有效地传授给宝宝好的价值观念,培养你认为最重要的品质和行为。一旦宝宝开始上幼儿园或小学,他就会受到各种各样的影响——老师的影响,同学的影响,社会大环境的影响,等等。那时再想塑造你所希望的品质和行为就比较困难了。

  在这本书中,我列举了外外三岁前我最常用的100条实践。我把这些实践分成三大类,分别促进宝宝的智力 智 、情感 情 和体能 体 的发展。情感类包括了宝宝的情绪、品格、品德和社会性的发展。对每一条实践,我都指出它与哪一方面或哪几方面的发展有关。我把这些实践按时间顺序排列起来,以便按步执行:越是排列在前面的实践越要开始得早,大多数的实践应该在宝宝三岁前重复应用。你会发现,很多实践即使在宝宝上幼儿园或小学后仍然有效。我的一个博士研究生,刚做妈妈不久,她读完这本书的初稿后跟我讲,虽然她对书中提到的很多心理学研究都学过、很熟悉,但这些把抽象理论应用到现实生活中的实践让她受益匪浅,让她对自己成为一名好妈妈更有信心了。

  我理解很多爸爸妈妈跟我一样忙于兼顾工作和家庭,没有时间闲下来慢慢读严肃的书籍。这本书生动有趣,简单易读,并配有很多外外成长过程中的例子和照片,以及我自己手绘的插图。希望你读得开心。

  祝你有一个哈佛宝宝!

王　琪

2014年1月于纽约伊萨卡

1 宝宝出生前就开始与他／她情感交流

心理学家发现，宝宝和妈妈之间的情感联系，也叫做亲子依恋（attachment），对于宝宝今后的健康发展有至关重要的作用，甚至会影响宝宝的一生。所以，和宝宝建立依恋关系越早越好，不需要等到他/她出生才开始。从妊娠中期（孕期中间3个月）开始，无论多忙，我每天都会有一个长长的散步。运动和新鲜空气不但对妈妈有帮助，对宝宝也很有好处。散步虽然听起来很容易，但它需要时间，还要坚持不懈。散步的好处远远多过单纯的体育运动。散步的时候我会和外外说话，和他分享我的想法和情感。这让我在外外出生前就和他建立起了情感的联系。 情 体

2 给未出生的宝宝听音乐讲故事

宝宝早在妈妈肚子里的时候就有听觉了。研究表明，到妊娠后期（孕期最后3个月）胎儿就能听见外面环境中的声音，并且可以辨别声音的模式。更重要的是，他们能记住在妈妈子宫里听到的声音。因此，相对于其他女性的声音，新生婴儿更喜欢听自己熟悉的妈妈的声音，而且也更喜欢听出生前还在妈妈肚子里时给他们读的故事。我从妊娠中后期开始，每天晚上给乐乐放音乐。我会在安静的环境中，把小音箱放在肚子上给他听。这样做能培养他以后的节奏感和对音乐旋律的敏感性。不过要注意音量适中，音量太大可能会吓到宝宝并影响他的听力。我想要宝宝以后学习中文，所以我还用中文给他讲故事听。智 情

3 拥有一个快乐的宝宝

外外是个快乐的孩子，出生第二天他就笑了。这个笑也许并不代表什么情绪的含义，很可能只是脸部肌肉的运动，而不是真正在表达愉快与欢喜。虽然如此，我也回馈给外外一个笑，并且亲亲他、抱抱他，以奖励他的笑容。我及时的正面反馈是在告诉他，笑是一种好的行为，妈妈会回报以爱和关怀。这样的反应可以鼓励、强化宝宝的笑。后来，外外很早就开始社会性微笑（social smile）了，而且常常笑，笑得很开心。从气质上讲，他可能生来就是个快乐的宝宝，但经常笑使他的心情更加愉快，让他成为一个更快乐的宝宝。有的宝宝生来哭闹频繁，易惊扰。如果你的宝宝是这样的个性，你更需要特别的耐心和乐观。不管宝宝怎样，你都要用愉悦的心情来面对他/她，抓住宝宝每次笑的机会，用亲吻和拥抱来奖励他/她。快乐的爸爸妈妈才能养育出快乐的宝宝。情

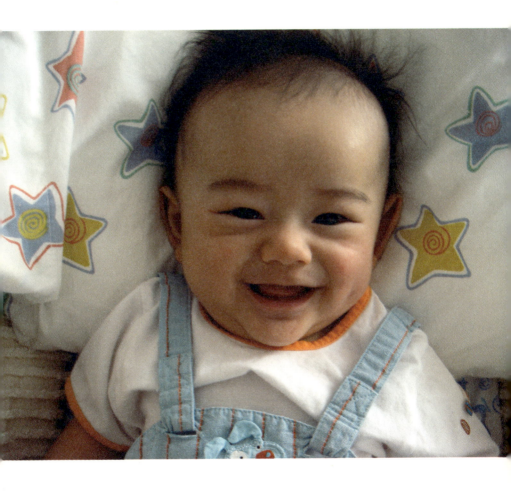

4

适时应对宝宝的哭

再快乐的宝宝也会因为各种各样的原因哭。任何一个关爱宝宝的爸爸妈妈都会想马上去抱宝宝，这是父母的自然天性，很难抑制。每次外外哭的时候，我都会克制自己不要立刻把他抱起来。除非外外是因为饿了在哭，我会马上去喂他。如果是其他原因，比如说他是想得到大家的注意，我尽量不去马上抱他，也不在他哭得最厉害的时候去抱他。相反，我会等到他哭声稍停，也就是他开始平静一些的时候，再去抱他、安慰他。这样的程序是在告诉宝宝，哭闹并不能让他/她如愿以偿，只有当他/她能平静下来，控制好自己情绪的时候才行。从长远来看，这种做法能提高宝宝的自我调节能力，教宝宝学会控制自己的情绪和行为。心理学研究显示，一个人的自我调节能力和未来成功与否有很大关系。不过要注意抓住对宝宝的哭做出反应的时间点，如果让宝宝哭得太久才去安慰他/她，则会适得其反，让宝宝产生不安全感。宝宝的需求应该及时得到满足，但关键是要掌握恰当的时间点。情

5 对宝宝要"狠"一点

这一条实践和上一条有相似之处。外外刚出生的时候,每次把他放在床上睡觉他就会哭,因为他想让我抱着他入睡,这是宝宝的天性。作为母亲,我的本能反应是把他抱起来,但是我努力不去抱他,只是摸摸他的肚子、拍拍他的屁股来安慰他,让他知道我在他左右陪伴。这样做既让宝宝感到安全,同时又训练了他/她的自我调节能力和独立性。外外晚上哭的时候也一样,除非是要喂他或者换尿布,不然我也只是摇摇他的小床来安慰他,而不是去抱他。有些父母在这种情况下会忍不住马上去把哭啼的宝宝抱起来,结果宝宝养成了要一直抱着的习惯,就连睡着了也不能放下来。除非你对宝宝很粘人很娇气无所谓,不然你得试着"狠"一点。宝宝日后是独立还是依赖,取决于父母在日常生活中如何对待他们。情

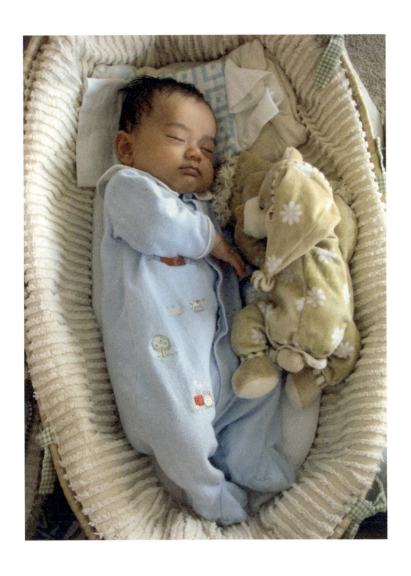

6 如何给宝宝养成好的睡眠习惯

初为父母的人，或多或少都经历过睡眠不足的痛苦。有了好的睡眠，爸爸妈妈才能快乐健康，也才能够养育一个快乐健康的宝宝。想要有好的睡眠，爸爸妈妈需要帮宝宝养成白天玩耍、晚上睡觉的作息规律。首先要帮助宝宝区分白天和黑夜。夜幕降临的时候，把房间光线调暗，说话轻声，并放上舒缓的音乐。这样把兴奋的白天与宁静的夜晚清楚地区分开来，并让宝宝懂得一天中不同时间下应有的行为规范：在白天玩耍和欢笑，晚上则要安静和睡觉。宝宝很快就能学会这些区别。在外外出生后的第三个星期，他就能在晚上自己入睡了。把他放到小床里，他会玩一会儿，吮吸着自己的手指，然后很快地睡着。他需要的话，我会摸摸他的肚子、拍拍他的屁股。同样的方法也让他养成了白天午睡的良好习惯。宝宝喜欢有规律的生活，家长也不例外。㊣ ㊙

建立日常作息

让宝宝从小养成有规律的作息：早上做什么？什么时候出去散步？午睡后醒来做什么？什么时候洗澡？晚上睡觉前做什么？有规律的作息会让宝宝知道下一步要做什么，并让他/她能够以此调节自己的行为。在每天早上醒来、白天午睡或者其他日常作息活动之前，你可以放一段音乐，唱一首歌，或者就摇摇铃铛，让宝宝预见下面要做什么，并为此做好准备。一旦养成了习惯，就尽量坚持下去，只是逐渐地调整作息来适应宝宝的年龄和能力发展。有规律的生活让宝宝觉得安全、自信和一切尽在掌握之中，这样他/她才能安心地去玩耍、成长和探索周围的世界。宝宝有规律的作息也让你的生活更加轻松。㊗㊙

8 不要吝惜向宝宝示爱

为宝宝创造一个充满爱的世界。传统的中国家庭很少直接公开地表达爱。这可能是因为一些既定思维："我是宝宝的妈妈，他/她应该知道我爱他/她，所以没必要告诉他/她。"也有可能是因为担忧："如果我告诉他/她我爱他/她，我可能会在他/她面前失去作父母的威严，他/她可能不再听我的话、照我说的去做。"这些想法既没有科学根据，也不适应现代社会的生活。尽情地向宝宝表达你的关爱，让爱流露在你的脸上、动作里和言语中。告诉宝宝你有多爱他/她。研究发现，父母表达快乐的情感能在很大程度上促进孩子的心理健康，提高他们的自尊心和自信心，并能缓解孩子情绪和行为方面的问题。我最喜欢的一件事就是每天早上，当外外睁开眼睛的时候，他第一眼就能看到我。我会和他笑，对他说："宝宝早上好！"告诉他我爱他。他总是对我回以一个灿烂的笑容。一天之际始于晨，一晨之际始于爱的快乐和交流。（情）（体）

9 为宝宝创造双语环境

要想培养一个双语宝宝，早期需要做的最重要的一件事就是创造一个双语环境。宝宝生来就能辨别世界上所有语言的各种发音。但是长到10至12个月左右的时候，宝宝的这种能力就逐渐退化了，因为他们被自己的母语特殊化了，只能辨别母语的发音。换句话说，他们只对生活中经常听到的语言发音仍保持敏感。这个过程体现了用进废退的原则。以后宝宝学母语很容易，而学别的语言就比较难了。所以要创造机会让宝宝听到不同语言的发音，以保持他们的语音敏感性。我希望外外能够学会说中文，所以第一、二年里，我只和他说中文，而让他通过其他渠道接触英语。我也希望他有一天能像我一样，可以把法语作为第二外语，所以我每天给他放法语歌听。智

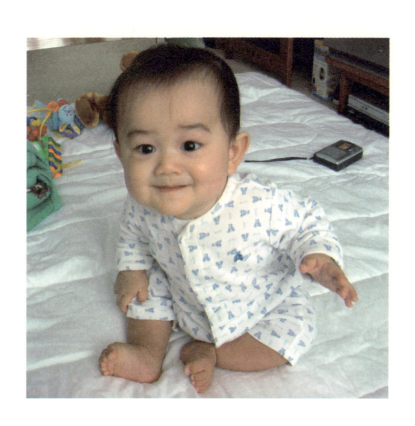

10 让宝宝置身于启发思维的刺激信息中

给宝宝一个彩色的音乐风铃也好，放一段舒缓或者兴奋的音乐也好，或者是启动一个会走路、会说话的电动玩具鸭都行，总之要让他／她有东西可以看，可以听，可以玩。绝不要让宝宝对着空洞的天花板，独自躺在床上。每天早上，给外外洗漱以后，我会在做别的琐事的时候给他放中文故事的磁带。这项作息活动从他出生的第一个星期就开始了。虽然宝宝还很小，不能理解故事的意思，但他能够识别声音的模式，并体会令人愉快的语调。经过不到两个星期的时间，只要我一放故事录音，外外就开始笑了。(智)(情)

11 让书早早成为宝宝生活中的一部分

外外出生后不久，我就开始给他读画册、讲故事。我试着每天至少给他读两本书，既有中文书也有英文书。这是我们两个都乐在其中的一项活动。大概一个星期内我会重复念同一两本书，然后再换新的。选书的时候要注意，书的内容和形式要适合宝宝的年龄。给小宝宝的书通常是大的厚纸板书（这样宝宝容易抓拿）。这些书会有更多的彩色插图（宝宝容易看见），更简单的字句（宝宝容易理解）和更夸张的人物（容易让宝宝感兴趣）。有些书能让宝宝触摸和感觉，还有些书能发出声音或音乐。这些特征针对小宝宝的感知和思维特点，让他们在读书的时候能集中注意力。和宝宝一起读书不但能激发宝宝的智力发育，还能加强宝宝和你之间的情感联系。外外很小就对书本产生了浓厚的兴趣，把读书与爱和快乐联系在一起。在3个月左右、能拿得住书的时候，他就开始自己看画册了。他读的第一本书叫《宝宝你好！》。智

12

一如既往地用快乐来回应宝宝

宝宝可能会不小心撞了头,第一次尝试新的食物而皱眉,因为不能做想做的事而沮丧,或者为了什么原因而哭闹。无论在什么情况下,父母总是用快乐和笑容来回应宝宝,给他/她安慰和支持。心理学家发现,宝宝常常会通过察看父母的反应来辨别事态:这里是不是安全?我闯祸了吗?我有没有遇到麻烦?我需要害怕吗?可不可以发脾气? 然后根据你的反应,宝宝采取相应的行动。这种行为模式叫社会参照(social referencing)。如果你看上去很担忧(虽然你有时担忧是理所应该的,但不要在宝宝面前表露出来),焦虑,甚至更糟糕,气愤的话,宝宝会收到你的信号,作出同样的反应。所以要时刻保持冷静、乐观和快乐。有时候,宝宝刚醒来,不知道应该哭还是笑,这时给他/她一个会心的笑容,他/她很可能会立刻笑着回应你!情

13 每天为宝宝做全身按摩

每天10到15分钟，给宝宝从头到脚按摩。你可以从任何一本有关育儿的书中找到给宝宝按摩的技巧。重要的是要每天都做，持之以恒，这对于每天工作回来已经精疲力竭的上班族父母来说，可能比较难做到。你可以试着把它当作一项乐趣，而不是一个不得不完成的任务。你会吃惊地发现，为宝宝按摩其实也能让你自己放松。宝宝们都喜欢按摩！想象一下，如果你自己每天要在床上躺十几个小时，然后全身上下，到处酸痛，这时候做一点小小的锻炼，肯定会让你觉得很舒服。另外，背部按摩能让宝宝睡个好觉，腹部按摩能促进消化，胸部按摩能帮助呼吸。为宝宝按摩也是你向宝宝表达爱的绝佳机会，按摩的时候对着宝宝微笑，他/她笑的时候你也和他/她一起笑。㊣ ㊣

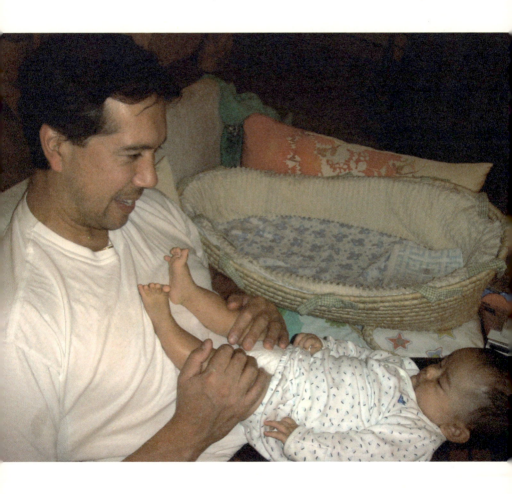

14 让教育无时不在

父母们要早早地开始运用中国文化中养育儿童的原则——机会教育。中国父母善于利用机会来规范宝宝的行为和促进德育发展。你可以用同样的原则来促进宝宝的认知发展。例如，你带宝宝出去散步的时候，可以带上录音机，一路上给他/她放音乐或者语言课程，这对宝宝和你自己都是一个极好的学习机会。我通过这个方法重拾了法语，外外也由此接触了法语的发音，虽然他可能不会很快去学法语（英语和中文当然最优先），但早期的接触让他保持了对法语发音的敏感度，日后学习起来会更轻松。随着宝宝一天天长大，每天能促进他/她认知发展的机会更是无穷无尽。例如散步的时候，你可以指给他/她看沿途的事物，说出它们的名称，数数有多少，描述它们的特征，等等。这些做法能提高宝宝的语言、文字和数学能力，并教给他/她日常知识。智

15 和爷爷奶奶"约法三章"

爷爷奶奶是宝宝生活中很重要的一部分,但是不要让他们取代你,成为宝宝的主要看护人。从前抚育孩子的旧习俗已经不再适应现代社会的要求。爷爷奶奶抚育宝宝有很多的弊端,其中一点就是他们很容易溺爱宝宝:让宝宝随心所欲,给宝宝吃他们喜欢的垃圾食品,容忍宝宝不好的行为,等等。久而久之,宝宝可能会慢慢养成一些不良品格和习惯。这些不良品格和习惯会根深蒂固,成为潜意识下的自动反应,以后即使能通过教导来改变,也会非常困难。所以,如果你不得不依靠爷爷奶奶来承担一部分抚育孩子的责任,要事先约法三章,让他们知道你想怎样养育宝宝,这样你和爷爷奶奶能用同样的方式来带宝宝。不同的看护人能够做法一致是非常关键的。情 体 智

16 和宝宝建立依恋关系

我时常听朋友或认识的人说起,因为他们是爷爷奶奶带大的,所以和父母不亲。我就在想,如果有一天我听到外外这么讲,我会多么崩溃绝望。父母和宝宝建立依恋关系最关键的时期是最初的几年,如果父母错过了这个关键期,感情疏远是必然的结果。以后,即使父母想方设法来弥补他们在宝宝早期生活中的空缺,亲子关系也永远不会像他们希望的那样充满感情和信任感。如何能够让爷爷奶奶参与宝宝的生活,但又不会取代你呢?有爷爷奶奶帮你处理家务、疼爱宝宝,当然是益处多多。特别是宝宝刚出生的那几个星期,最需要爷爷奶奶来帮忙。外外出生后,我的婆婆过来和我们住在一起来帮忙。通过几次友好的沟通,我们达成了共识:我来照顾宝宝——给他喂饭、换尿布、哄他、让他睡觉,而我的婆婆则是照顾我——做饭、打扫、在我工作的时候看护宝宝。这种方式效果很好:我的婆婆帮助我们渡过难关,也和她的小孙子生活了一段时间。我呢,能够在这个建立信任和亲密感的关键期和宝宝建立依恋关系。情

17 给宝宝一些独处的时间

我观察到，很多中国的爷爷奶奶常常一直抱着宝宝。外外的外公外婆从国内来看我们的时候就是这样。外公到哪儿都抱着外外，外婆走在旁边也不时给外外喂吃的、逗他玩。外公外婆回国后，我们花了很长一段时间，才让外外重新适应出去散步的时候坐他的推车，而不要抱着。宝宝那么可爱，自然而然我们想一直抱着他/她，但是要在宝宝需要抱的时候去抱他/她，而不要在你需要抱他/她的时候去抱。给宝宝一些自己的时间。宝宝开心满足的时候，让他/她自己待一会儿，听听音乐，玩玩具，自娱自乐。爸爸妈妈都希望宝宝能够自我满足，而不是缠人精。另外，宝宝小的时候给他/她一些独处的时间，能鼓励自主性的发展，促进他/她以后独立探索的能力。

玩中创意

玩耍是宝宝生活中必不可少的一部分。它是宝宝学习的最佳途径，通过玩，宝宝能提高运动能力、认知能力和社交能力，并掌握新的语言词汇。玩耍还能加强宝宝和爸爸妈妈之间的情感依恋。每天花尽量多的时间和宝宝一起玩，和宝宝一起留下许多美好的回忆。和宝宝玩的时候要有创意，譬如枕头不仅仅是枕头，可以把它当作球在空中抛来抛去。餐盒也不只是用来装食物的，它可以是一顶特别的帽子，戴在你或者宝宝的头上。只要保证安全，玩具的玩法也可以推陈出新。还可以玩一些需要宝宝去想象、猜测、描述或思考的游戏。玩的时候不妨装装傻、搞搞怪，从宝宝的角度来设想怎么才好玩、有意思。这样能让宝宝感兴趣，促进想象力和创造力的发展。宝宝长大一点后，让他／她自由选择他／她想玩什么、怎么玩。给他／她提供像积木、棍棒、盒子、纸等可以有很多种玩法的东西。宝宝的独立性、创造思维、灵活性和决策能力会由此而生。 智 情 体

19 培养一个外向友善的宝宝

在美国，我常常看到一些亚裔宝宝太害羞、太胆怯了，以至于一看到陌生人就放声大哭。心理学研究发现，传统中国文化认可甚至鼓励害羞的行为，然而，在当今这个强调自信、竞争和重视社交的社会里，害羞已经行不通了，这会让宝宝和他/她的伙伴们相比处于弱势。我一有机会就带外外出去玩，带他去逛商场，参加各种派对以及家庭活动、节假日庆祝活动等。让宝宝走出你为他/她在家里营造的舒服小窝，到外面见见其他人，看看大千世界。带宝宝参加一些幼儿集体活动，在那里和其他的宝宝玩，并鼓励他/她和其他成人互动。早早地开始这样的活动，以锻炼宝宝的外向和社会技能。有些宝宝天生就容易害羞和胆怯。还好，基因并不能完全决定行为，后天环境也很关键。研究显示，如果父母在有社交压力的场合下，例如宝宝遇到陌生人的时候，鼓励甚至强迫天生胆怯的宝宝外向些，那么他们的宝宝到青少年期时，很多会变得胆大外向。相比之下，如果父母过分保护宝宝，试图屏蔽任何让宝宝有压力的社交活动，宝宝长大后仍然会羞怯胆小。之前我讲到社会参照，当宝宝在社交场合很警觉的时候，他/她会看你的反应来决定怎么做。如果你保持快乐和鼓励的态度，他/她会觉得环境是安全的，敢在这个场合冒冒险。情

20 宝宝生活中的一点"辣"

每天都事先设想一件你能和宝宝一起做的特殊活动。这可以是任何一种能帮助宝宝发育发展的活动，像是去拜访朋友，推着婴儿车去购物中心看橱窗里的摆设，散步时走一条与平常不同的路让宝宝看新的东西，做一个简单的手工，烤饼干，读一本新书，表演故事里的角色，做运动，去公园看鸭子，玩新玩具，听不同类型的音乐，带宝宝去你工作的地方，约其他小朋友玩，等等。给宝宝提供机会接触新的事物、新的地方和新的人。每天都有一些新奇和精彩等着你和宝宝，而不是机械无味地重复。情 智 体

21

带宝宝逛书店

读书对宝宝的成长有无穷的益处。通过和爸爸妈妈一起读书，宝宝能提高语言和交流能力，获取信息和知识，体验各种情感，玩得开心，还能感受父母之爱。在宝宝长大的过程中，慢慢为他/她建立一个家庭小图书馆，让宝宝在家能随时随地体会读书的乐趣并学习新知识。要想帮助宝宝尽早把读书和快乐联系起来，一个有效的方法是带他/她去书店和图书馆。外外三个月大的时候，我就开始带他去我家附近的书店。那里有很多东西可以让他看：当然有书啦，还有各色各样的人，其他的孩子，儿童玩具（这在美国的书店和图书馆里很普遍），所以逛书店成为了他最喜欢做的事情之一。刚开始的时候，我只是带着外外四处转转，让他置身于这种氛围，看看别人读书。等他长大一些、能坐起来了，我们就一起读书，一起玩玩具。对于宝宝来说，如果读书意味着出去玩、开心、和妈妈在一起——这一切都是他/她乐意做的事，他/她长大后肯定会爱读书。智

22 尽量频繁地和宝宝说话

研究发现，西方父母比亚洲父母更经常跟宝宝说事物的名称，因此西方孩子比亚洲同龄的孩子掌握了更大的名词词汇量。所以，平时注意多用丰富的词汇来描述日常生活，把任何事物、任何行为都用言语表达出来，哪怕只是把脑子里想的东西说出来，甚至你说的东西没什么意义都行（宝宝不会介意的）。例如，宝宝指着一个他/她拿不到的玩具，在把玩具递给他/她之前，你可以把玩具的名称说上好几遍："哦，大卡车！这是个卡车。你想要卡车吗？"给他/她玩具的时候，又说："给你卡车。卡车。"注意宝宝在做什么，然后把他/她的行为用言语表达出来，并由此延伸，比如，"你把牛奶都喝完了！真棒！牛奶能让宝宝长得高高壮壮的！"让宝宝置身于丰富的语言环境能促进语言发展，也有益于以后阅读和写作能力的发展。智

23 让宝宝尽早接触乐器

音乐弹奏能多给宝宝一个表达自我的方式，还能促进智力发展，尤其是数学能力的发展。我希望外外长大后至少能弹奏一种乐器，而钢琴是我的首选。在他出生以前我就开始让他听钢琴曲，出生之后家里也一直琴声不断。在他四个月左右的时候，我扶着他坐在我腿上，让他开始接触钢琴。每天，我们坐在钢琴前玩大概5到10分钟。首先我会给他弹一首短的曲子，然后让他自己随意抚按、敲打琴键，试验各种高高低低的声音。这样他逐渐对钢琴产生了兴趣，每当听到有人弹琴，他就会安静下来，专注地听。当他长大一些、能自己坐起来的时候，他喜欢假扮成一个钢琴家的样子，装模作样地弹琴，还喜欢别人注意他，认真地听他弹、给他鼓掌。智

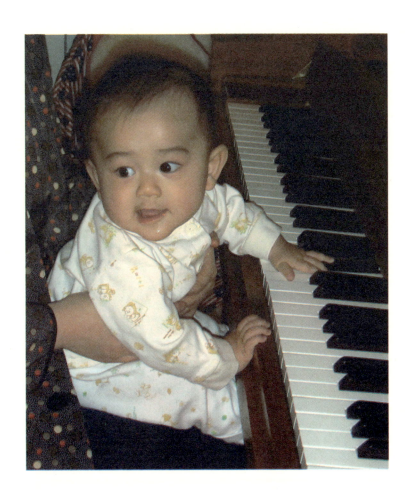

24 利用音乐来培养宝宝的数学意识

因为像节拍、韵律和曲调等音乐元素反映了数学概念，所以音乐是让宝宝体验数学的最好方法之一。即使是新生的宝宝也能对音乐和它背后蕴含的数学概念有反应。对于很小的宝宝，你可以在唱歌或者听音乐的时候，随着节拍和旋律轻摇宝宝，你还可以轻轻抚拍宝宝的背，让他/她在听的同时能感觉音乐的模式。宝宝心情好的时候，让他/她躺着或者把他/她抱在你腿上，随着音乐拿他/她的两脚互相拍。这是外外婴儿时期最喜爱的游戏之一。对于大一点的宝宝，和他/她一起随着音乐拍手、顿脚或跳舞，踩着音乐的节奏在房间里踏步，和着歌曲的旋律唱歌，让宝宝重复或预测音乐的模式。尝试其他让你和宝宝都开心的"音乐练习"。这些活动帮助宝宝形成对数学概念的早期意识，像是一一对应关系（例如：一个音节拍一下手），数字，数量（例如：多，少），速度（例如：快，慢），等等。智 情

鼓励宝宝用手

让宝宝玩那些能帮助他/她提高手的精细运动技能（fine motor skills，也就是控制手上小肌肉的技能）、协调性和平衡性的玩具。宝宝的动手能力增强后，逐渐让他/她接触需要更多肌肉力量和协调性的玩具。家里的很多日常活动，譬如穿衣服，用勺子或叉子吃饭，把水倒进杯子里，用笔或手指画画，玩橡皮泥，也能帮助宝宝发展手的精细运动技能。锻炼精细运动技能可以为日后更复杂的技能打下基础，包括写字，用电脑鼠标以及演奏乐器。而且，用手摆弄物件，就和弹钢琴时手指运动一样，能刺激宝宝大脑发育，促进数学等认知能力的发展。 体 智

26 带宝宝参加家庭聚会

家庭聚会是让宝宝发展社会技能的最好场合。与爸爸妈妈以外的亲人建立良好关系和情感依恋还能促进宝宝的健康发展。在周末的时候带宝宝去看亲戚朋友，参加节假日聚会和生日会，以及其他许多类似的场合。宝宝可以看到爷爷奶奶，外公外婆，叔叔阿姨，表哥表姐。他们肯定都抢着抱宝宝，和他/她交流，跟他/她玩，而宝宝也会喜欢得到他们的关注。这些场合不但让宝宝更加喜欢与人交往，而且促进他/她发展家庭感和社会感。随着宝宝一天天长大，这些亲戚朋友也会在宝宝生活中扮演越来越重要的角色。所以要创造机会让宝宝跟他们早早接触，培养感情和亲情。㊙

邀请朋友带孩子来家里玩

几个星期大的宝宝就能区分小孩和大人。宝宝们对其他孩子很感兴趣，也喜欢得到大孩子的关注。他们尤其喜欢看别的孩子玩，想加入其中，也慢慢能上去凑热闹。随着宝宝年龄的增长，他们开始彼此模仿，例如，14个月大相互熟悉的宝宝有时会复制彼此的行为。早期的观察和模仿学习，包括他们如何协调协商、解决冲突，不仅能让宝宝的社会技能和情商有一个好的发展开端，还能促发宝宝的智力。而这些获益是父母给不了的，因此，对于大多数只有一个孩子的中国家庭来说，为宝宝创造和其他孩子接触的机会尤为重要。 情 智

28

把睡觉前讲故事当作一项日常作息活动

晚上宝宝上床后,在他/她入睡前给他/她念书。选择让人平静、舒缓而非兴奋的书。有些书,像是桑德拉·博因顿(Sandra Boynton)的《睡觉书》(The going to bed book)和《穿睡衣的时间到了!》(Pajama time!),就是专门为儿童设计的睡前读物。宝宝看到动物们都睡觉了,他/她也会准备好睡觉了。宝宝长大一些后,你可以扩展书里的内容和宝宝聊聊天,想象一下书中的故事结束后发生的事,谈谈你们今天做了什么,谈谈生活中重要的人,谈谈大千世界以及它的运作。读书和聊天的时候,可以抱着宝宝,时常亲亲他/她,这样为一天的结束画上一个快乐和爱的句号。 情 智 体

29 和宝宝玩"镜子游戏"

宝宝爱照镜子。他们在镜子面前常常变得神采奕奕，对着镜子放声大笑、牙牙学语、舞动双臂。宝宝五六个月左右，你就可以开始和他/她玩"镜子游戏"。让宝宝坐在镜子前，对着他/她笑，和他/她玩。指着镜中的你和宝宝，问他/她："妈妈在哪儿？""镜子里的小孩是谁啊？""在做什么？""看，他/她在冲你笑！"还可以朝着镜子做鬼脸。虽然宝宝一直要到快两岁的时候才知道镜子里的人是自己，但他/她喜欢看镜子里的小人儿和自己步调一致，他/她做什么，小人儿也跟着做什么。镜子游戏能培养宝宝的动因意识，也就是知道自己有影响他人的能力，能让镜子里的小人儿做他/她在做的事，还能促进宝宝自我意识的发展。情

30 让宝宝尽早接触艺术和古典音乐

很多爸爸妈妈都会希望他们的宝宝长大后有文化修养，气质高雅，拥有一个丰富多彩、充满情趣的人生。让宝宝尽早接触艺术和古典音乐。一有机会就带宝宝去美术馆走走。一旦宝宝可以坐起来、能看清楚东西的时候，就可以带他/她去听音乐会。外外三个月大的时候，第一次去了美术馆，六个月大的时候开始听歌剧的CD，大概九个月大的时候，我们带他去听了他的第一场古典音乐会。外外非常喜爱歌剧。他听的时候会发出各种各样的声音，而且可以连续半个小时保持安静而不哭闹。他最喜爱的歌剧是莫扎特的《魔笛》。如果正式的演出不接受儿童入场的话，可以更多的在家中、车上给宝宝播放古典音乐。智 情

31 让宝宝观察因果关系

宝宝很小的时候就对因果关系很敏感了。特别是当他们自身的行为引发结果时，他们尤为好奇。找一根丝带，一头系在宝宝的脚踝上，另一头系在他/她小床上方的音乐风铃上。当宝宝意识到他/她一踢脚，音乐风铃就会动起来的时候，你会看到他/她有多么的兴奋。宝宝长大一些后，会对像遥控器这样的东西感兴趣，因为他/她看到你按一下按钮，电视机就打开了。给宝宝提供能让他/她观察和学习因果关系的物品和玩具。遥控玩具（如遥控汽车）通常是建议给大一些的孩子玩的，但不妨让宝宝也试试看，只要玩具部件不是太小、宝宝不会有把它们吞下去的危险就行。宝宝手的精细运动技能可能还不足以控制遥控器，你就做给他/她看怎么用，他/她会非常喜欢看你的手指在遥控器上按动，让车子跑起来。智

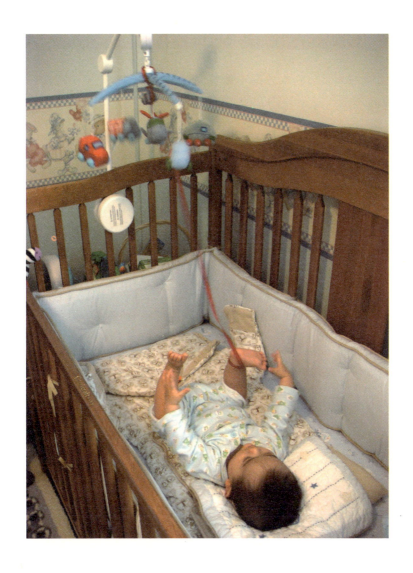

32 一次只给宝宝一两个玩具

初为父母的人总是不能控制自己,恨不得把整个玩具店都搬回家。家人、朋友和亲戚的礼物又为宝宝增加了更多的玩具。为了避免让宝宝对这么多玩具感到束手无策,或被玩具在家造成的混乱弄得心烦意乱,一次只给宝宝玩一两个玩具。几天后,宝宝学会怎么玩并玩腻了之后,把玩具收起来,再给宝宝一两个新的玩具。这样轮换玩具能让宝宝充分了解每个玩具,并从中发展相应的技能。几个月后,再把旧玩具拿出来给宝宝玩,这时它们又成了新玩具!宝宝现在具备了更多的认知和运动技能,因而会发现或发明新的玩法。另外,玩具在精不在多,要从众多的品种中选择适合宝宝的玩具。考虑玩具是否安全?有趣吗?是否适合宝宝的年龄和能力?是否是开放式、能有不同的玩法来促进创造力和想象力的发展?玩具教宝宝什么知识?促进什么技能?等等。好的玩具能够培养宝宝的情趣,增长知识,给宝宝带来惊喜和技能,促进情感发育,让宝宝得到各种各样的体验和经历。 智 情 体

33 给宝宝选择建议年龄稍大的玩具

玩具通常标有适合的年龄段，如0-3个月、6个月以上、12个月、1-2岁等。你给宝宝选玩具的时候，不要被玩具上写的建议年龄吓倒。只要确定玩具对宝宝是安全的（如没有小部件会让宝宝吞下去），你可以选择建议年龄稍大一点的玩具。虽然宝宝开始可能不会按照惯有的方式去玩玩具，比如宝宝可能会用嘴去舔一架玩具钢琴，而不是去按键、弹奏音乐，但他／她会逐渐地探索到正确的玩法。你也可以示范给宝宝看如何玩。这就像你为宝宝设立一个高的期望目标，而心理学家发现，父母和老师对孩子的期望，能无形中促进孩子的成长。在你的帮助下，宝宝可以慢慢达到你设立的目标。这是促进认知发展的一个极好方式。（智）

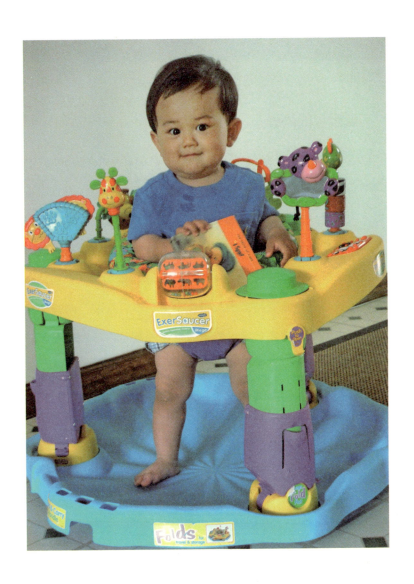

做宝宝的榜样

宝宝常通过观察和模仿来学习，并由此形成行为模式、习惯和态度。如果你一天到晚看电视，天天睡懒觉，吃垃圾食品，说脏话，对人对事持偏见，宝宝也会开始形成这些不良行为、习惯和态度。心理学家把这种通过观察和模仿而来的学习叫做内隐学习（implicit learning）。这种学习并非有意，而是下意识的，不需要特意的教授或指导。研究发现，内隐学习常常比有意识地教育和指导更有效地影响孩子的行为和观念。所以，如果你能以身作则，树立好的行为举止和个人品质，比如坚持不懈，自信和善良，宝宝会把你当作榜样来学习。

35 调整生活的重心

有宝宝之前,世界可以围着你转。一旦为人父母,事态就变了。现在你有了宝宝——一个你认为比自己还重要、完全依赖你才能生存、又无条件爱你的人。因此,你需要重组你的生活。外外出生后,我出差开会的次数基本减为零。我的一个同事是位著名的教育心理学家,她告诉我,在她小孩七岁以前,她从没有一次离家出远门。尽量不要离开宝宝在外过夜,尤其是还在哺乳期的妈妈,最好每晚都跟宝宝在一起。你已经成为宝宝的安全港湾,你突然消失不见,在宝宝看来会像是整个世界都崩塌了,这会让他/她的情感和身体健康都受到影响。尽量多和宝宝待在一起,享受你们在一起的快乐时光。你的工作可以等,但是宝宝的成长不能耽误。情 体

36 和宝宝捉迷藏

特别小的宝宝会"眼不见，心不烦"。不管是人是物，一旦出了他/她的视线，就好像不再存在。半岁以后，宝宝开始有能力记住已经不在眼前的事物。宝宝的记忆力反映在所谓的分离焦虑（separation anxiety）上，也就是当妈妈离开的时候，六七个月大的宝宝开始表现出忧伤。宝宝只有能记住妈妈在的时候的情形，才会在妈妈离开以后感到忧伤。这个年纪的宝宝也开始懂得事物是持续存在的，不管它们是不是近在眼前。这些新发展的技能让宝宝很喜欢玩藏猫猫，并感受其中的乐趣。当宝宝能开始爬的时候，捉迷藏又成了另一个好玩的项目，这对你和宝宝都是既有趣又能锻炼身体的好活动。外外常在我们玩这些游戏的时候哈哈大笑。情 智 体

玩"记忆游戏"

问宝宝玩具在哪,鼓励他/她去找,这可以算是捉迷藏游戏的一个变式,宝宝通常都非常喜欢玩。对小一点的宝宝,你可以当着他/她的面把玩具藏起来(如放在枕头下面),然后抓住他/她,半分钟左右后再让他/她去找玩具。逐渐把等待的时间延长,你会发现宝宝越大,他/她能等待的时间越长,之后还能准确地找到玩具。另外,小一点的宝宝常会去之前找到玩具的地方再找,虽然眼睁睁看见你把玩具藏到另一个地方去了。慢慢地,当宝宝长大一些,他/她才能逐渐控制这种一遍又一遍去同一个地方找玩具的倾向,也才能正确地到当前的隐藏处找到玩具。(智)

唱歌给宝宝听

通过你的歌声,让宝宝和你建立依恋关系,并感受你的爱。唱歌时和宝宝一起拍手,宝宝长大一些后,还可以让他/她跟着一起唱,你们俩都会很开心。唱歌和说话、读书一样重要,它可以帮助宝宝学习生词、言语表达和沟通,增强宝宝对旋律和节奏的敏感性。通过你的歌声,宝宝还可以发展倾听的技能,并学会理解歌词和旋律所表达的情感。当你把歌词(如:狗)和实际物品(如:绒毛狗)联系起来的时候,宝宝明白了字词所代表的意思,从而学习新的词汇。对于大一点的宝宝,指出歌里的新字词,给宝宝讲解它们的意思,以扩大宝宝的词汇量。把唱歌和玩结合起来,让你和宝宝一起更开心。用中文、外文或你会的其他方言唱歌给宝宝听都很好。最重要的是,通过唱歌来表达你的爱。(情)(智)

带宝宝参加音乐会

让宝宝接触像古典乐、爵士乐、萨尔萨和民乐等各种各样的音乐。如果你家附近有户外音乐会，那就太棒了！户外音乐会通常不那么正式，如果宝宝发出声音，其他人也不太会对你皱眉瞪眼。你还可以抱着宝宝走来走去，随着音乐跳舞，或者等宝宝长大一些，他/她自己可以走动、跳舞。如果没有户外音乐会，宝宝六个月大以后也可以参加非正式的室内音乐会。尽量早到，找一个靠近出口的座位，这样一旦宝宝不耐烦了，你可以很快带他/她离开，而不会制造太大动静。做好中途离场的思想准备，因为宝宝的注意力有限，只可能安静待上大约半个小时，甚至更短。对于大一点的宝宝，你可以在事前教他/她音乐会的行为举止，还可以谈谈将要表演的曲目。音乐会进行中，你可以给宝宝讲各种乐器的名称，让他/她注意听不同乐器发出的声音。结束后，和宝宝谈论他/她的所闻所见，你可以跟他/她解释乐曲的含义，并问他/她有什么感受。

智 情

40 带宝宝去博物馆

在宝宝能爬之前，你可能已经带他/她去过很多次博物馆了。现在你可以更加频繁地带他/她去玩。避开高峰时间去博物馆，让宝宝可以在那里任意滚爬。多数博物馆都有很大很安全的空间，所以你不用担心宝宝会撞到什么，或者打坏什么东西。你可以一边自己参观、一边时常留意一下宝宝。这样，你们俩各得其所、开开心心。宝宝再长大一些后，博物馆就成了一个更重要的资源。宝宝在那里可以参加各种活动，学习有意思的新东西，探索发现，扩展知识和技能。带宝宝去各种各样的博物馆，像儿童博物馆，科学博物馆，自然历史博物馆，动物园，植物园和水族馆，等等。全家一起去博物馆待上一整天，在那里和宝宝一起探索、创造和发现。 智 情 体

41 和朋友家人一起给宝宝过生日

庆祝生日能让宝宝意识到他们生命中的重要里程碑，以及随之而来的新的技能和新的责任。外外满一岁时，我们为他举办了一个很大的生日派对。一岁生日对于宝宝和爸爸妈妈来说，都是一个值得庆祝的最重要的里程碑。你成功地成为了伟大的爸爸妈妈，宝宝呢，则每天健康、聪明、快乐地成长！邀请家人和朋友一起来庆祝，如果他们有孩子，叫他们带孩子一起来。准备一个大大的蛋糕，上面点上一支大大的生日蜡烛，大家唱生日快乐歌，为宝宝吹蜡烛鼓掌。每个人都会很开心。记住要拍下很多照片和录像，你和宝宝日后可以重温旧事，一起回忆你们共同经历的快乐时光。情

42 宝宝的看护人之间应做法一致

宝宝的看护人不但包括爸爸妈妈,还常常有其他成人,如爷爷奶奶、外公外婆、叔叔阿姨、保姆等。和宝宝互动时,所有的大人都保持做法一致是非常重要的。如果你不想让宝宝吃太多甜食,但宝宝想吃什么奶奶就给什么,或者你不想让宝宝看电视,但是保姆觉得看看没关系,这些不一致的信息会让宝宝困惑。他/她可能不但不能养成你所希望的好习惯,还可能学会操纵大人来得到自己想要的东西:"奶奶说我可以在晚饭前吃糖!""李阿姨说我可以看电视!"制定好你们的规范,并让所有人知道、执行。 智 情 体

43 鼓励宝宝表达各种情绪

传统的中国观念不鼓励公开表达情绪——不论是正面的还是负面的情绪。情绪外露常被认为是懦弱或幼稚的表现（如：缺乏自控，愚蠢），还可能是人际和谐的潜在威胁。另外，在传统观念中，一个人应该能推测、领会他人的情绪，而不需要对方言语的表达，所以公开表达情绪不但没有必要，甚至是多此一举。然而，情绪是自我的一个关键因素，表达情绪就是表达自我。在现代全球化的社会里，表达自我和肯定自我是成功的关键。从小就鼓励宝宝表达自己的情绪，包括负面的情绪。你可以根据宝宝的面部表情和肢体语言来帮助他/她表达情绪："噢，你看起来很高兴！""你伤心吗？""我知道你很沮丧。""你害怕吗？妈妈在这儿。"用宝宝的各种喜怒哀乐的照片做一本"情绪相册"，和宝宝一起看相册，指出每个情绪。这样，你认可了宝宝的情绪，也让宝宝知道他/她可以表达自己的感受。你还可以逐渐开始和宝宝谈论你的、他/她的和其他人的情绪，鼓励他/她用语言来交流情感。情

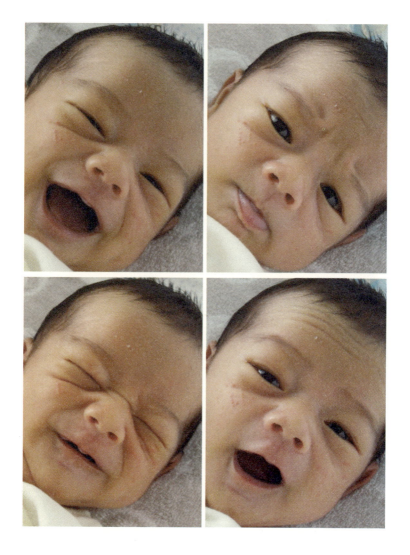

44 帮助宝宝掌握情绪方面的知识

情绪认知是情商的一个核心部分。大多数的宝宝在两岁左右开始使用情绪词汇，但早在这之前他们就懂得什么是情绪了（记得我之前提到过社会参照，就是宝宝看你的情绪反应来行事）。帮助宝宝用语言来表述自己和他人的情绪情感（如"看，那个宝宝在哭。他肯定很伤心"）。在白天玩耍的过程中，一有机会就给宝宝描述像惊讶、兴奋和难过等各种各样的情绪，帮宝宝在现实情境中理解情绪词汇。特别注重谈论情绪的前因后果，这对宝宝理解情绪尤其有用（如"因为他想妈妈，所以哭了"）。你给宝宝读书时，给他/她讲故事中人物的心态，以及他们为什么会有这些情绪体验（如"因为小熊和朋友们一起玩了，所以他很高兴"）。虽然年纪小的宝宝还没有足够的语言能力来参与讨论，但他们对这些话题非常感兴趣，也学得很快。经常跟宝宝谈论情绪，特别是向他/她解释情绪，能促进宝宝日后情绪认知的发展。情

45 向宝宝示范如何应对负面情绪

情商的另一个核心部分是情绪调节。表达负面的情绪不等于可以大发脾气。宝宝长大一些后，不愉快的情形会时常发生，而且可能越来越频繁。例如，当宝宝不能如愿的时候（如得不到他/她想要的玩具），他/她可能会大哭，甚至耍赖、发脾气。很多爸爸妈妈在这种情况下就投降了，让宝宝如愿以偿、停止哭闹，以免在公众场合丢脸。结果，宝宝认为他/她可以通过哭闹来达到目的，由此形成坏的习惯。在这种情况下，你要保持镇定，并安慰宝宝（比如，抱着宝宝，轻轻地和他/她说话，擦掉他/她的眼泪）。要态度坚定，不能让步。事态平息下来以后，和宝宝谈话，告诉他/她坏的表现不可能让他/她如愿以偿。不要对宝宝发脾气。你自己能控制负面的情绪对宝宝来说是最好的示范，他/她会由此效仿。下次如果宝宝在类似的情况下表现得好，夸奖他/她、亲亲他/她来给予奖励。这样能增强宝宝的自信自尊，并促进他/她的情绪调节能力的发展。情

46 有选择性地陪宝宝看电视

"我可以让宝宝看电视吗?"很多爸爸妈妈都有这样的疑问。我建议可以在家长监督下,适量地看适合孩子的教育类节目。可以让一岁多的宝宝看一些电视,但最好等到两岁以后。选择其他父母和教育专家给予好评的、适合宝宝年龄段的节目,每天看电视的时间不要超过30分钟。和宝宝一起看,给他/她讲节目中出现的事物的名称,谈论故事的情节,想象故事前后发生的事,把故事和宝宝的生活联系起来(如"嗳,你看,小熊和妈妈在一起多开心,就和咱们一样")。宝宝大一些后,你可以和他/她一起讨论节目内容,看完后让他/她重述故事,听听他/她对故事的想法(如他/她最喜欢的是哪部分)。一起看电视时的这些互动可以促进宝宝语言(叙述)能力、社会技能和想象力的发展,以及对周围世界的认识。有一些跟电视有关的"不要":不要因为你自己需要做事或想休息一下,把宝宝独自放在电视前;不要让宝宝看有暴力或恐怖内容的节目,因为它们会影响宝宝的睡眠、思维和社会行为;不要把电视当作背景一直开着,研究表明这会干扰宝宝的玩耍,还会干扰你和宝宝的互动;不要让宝宝玩电子游戏,因为这和儿童注意力缺失直接相关。 智 情

47 把浴缸变作宝宝玩耍和学习的绝佳场地

给宝宝提供各种各样的浴室玩具，在他／她洗澡的时候和他／她一起玩。有些玩具帮助宝宝学习像形状、大小、数字、数量和颜色等概念。有些像船或其他漂浮的玩具，能帮助宝宝理解浮力。还有水洗的蜡笔，宝宝可以用来在浴缸内壁画画（在浴缸里清理太容易了）。日用品也能带来很多乐趣。例如，给宝宝一块海绵，做给他／她看怎样让它吸满水，再把水挤掉，或者让宝宝用海绵擦浴缸和擦自己。给宝宝一把塑料水壶，让他／她在浴缸里喷水下雨。扔一些冰块在浴缸里，让宝宝用杯子去舀。最重要的是，宝宝们爱玩水，只要水花飞溅就能让他们咯吱乱笑。外外从小特别喜欢洗澡，可以在浴缸里玩上一两个小时，直到我坚持说时间到了，才肯出来。智 情

48 和宝宝"谈数学"

宝宝对日常生活中蕴含的像数量、数字等概念非常敏感，从很早开始就能够通过生活经历形成数学概念。爸爸妈妈的数学语言是宝宝学习数学的一个重要渠道，例如："你想多要一些吗？""你全部都吃完了。看，盘子空了！""你的肚子满满的。"在和宝宝交流时，爸爸妈妈会不知不觉地用到数学语言。你还可以尽量有意识地多用数学语言，让日常生活中的数学更加显而易见。"谈数学"能让宝宝关注数学概念，加深他们对数学概念的理解，并且帮助他们建立对学习数学的积极态度。爸爸妈妈要特别注意谈数学里的基本概念，包括数字（如"你吃了一个苹果""你摇了三次铃"），形状（如"这个碗是圆的"），测量单位（如大小，重量，数量，体积和时间），模式（如"来，穿上你的条纹T恤""我们来跟着音乐的节奏跳舞"）和收集信息（如"如果我们把这块大积木放在小积木上，那会怎么样"）。利用每个机会——包括换尿布、吃饭、洗澡、穿衣服、散步和买东西——让宝宝参与"谈数学"。你和宝宝从谈话中得到乐趣的同时，宝宝也为以后成功学习数学做好了准备。智

鼓励宝宝自由探索

宝宝天生就有通过探索环境、尝试各种事物和玩耍来认识世界的内在动机（intrinsic motivation）。这是一种自然的欲望，就像宝宝需要食物和睡觉一样。如果你从一开始就培养鼓励的话，这种内在动机会变成宝宝日后自主学习和取得成就的动力。对于宝宝要多鼓励，少禁止，即使在你想要按照父母的本能去保护他/她不受伤害的时候。让宝宝在地上爬、按家里各处的按钮、在草地里找虫子等都没有关系。尽量不要用像"这很脏！""危险！""别碰！"或者"你会把它打破！"这样的呵斥来禁止他/她。我的一个同事、儿童教育的老专家常说，宝宝打坏东西，不是宝宝的错，而是父母的错。给宝宝创造一个安全的环境（既是物质上的也是情感上的环境），让他/她能自由探索和学习。智

50 用手语和手势来促进宝宝的沟通技能

和宝宝说话的同时使用手语和手势，比如，说"再见"的同时挥手，或者说"不"的时候摇头，宝宝会学会这两种沟通形式之间的对应关系。心理学家发现，语言沟通的同时加入手势，比只用语言更能让孩子理解表达的意思，而且沟通中加入手语和手势能促进表达性语言的发展，这对开始说话比较晚的孩子尤其有帮助。还不会讲话的宝宝，如果已经可以理解手势的意思了（例如，挥手，举起胳膊），一旦他/她的口腔肌肉发育完全、能让他/她就说话了，他/她能更快地学会与手势对应的话语（例如：再见，抱抱）。使用手势，还能促进宝宝的认知发展和动因意识。宝宝在学会语言表达之前，可以用手势表达自己的知识和技能，而使用手势又能帮助宝宝进一步获得新知识和新技能。积极地教宝宝用手势，比如和他/她一起边唱熟悉的歌边打手势，来帮助他/她学习简单的手语词汇。同时，注意宝宝试图用手势来"说"什么，帮他/她把手势转成话语，如当他/她摇头表示不的时候，你可以说："噢，不要啦？好的。"这样，你在回应他/她需求的同时，也示范给他/她看如何用语言来表达自己的需求。而且，当你回应宝宝的手势时，他/她意识到自己可以影响身边的人和事。例如，宝宝指着一个想要的玩具，你就把玩具递给他/她，他/她会意识到他/她的沟通起了效果。这能鼓励宝宝继续发展沟通技能。智 情

51 和宝宝用字卡来玩字词游戏

字卡上有字和相应的图片,在任何书店或玩具店都能买到。你甚至还可以自己做字卡,写一些宝宝可能已经懂得并能用手势表达的常用字词,像再见、拍手、击掌、欢迎等。一张一张地给宝宝看字卡,指着卡片上的字,读出来,告诉他/她图片里是什么,并在适当的时候让宝宝和你一起比手势。这可能算是宝宝最早的阅读课。它能帮助宝宝把图片中的东西(例如,狗)和写的字对应起来,对宝宝日后阅读能力的发展很有利。你还可以根据字卡来编故事,让游戏更有趣,并让宝宝在有意义的上下文中听到新的词汇,把字卡上的字词和口语联系起来。我在外外六个月左右开始和他玩字卡,到一岁的时候,他已经能认识很多像"你好""鼻子""抬臂"等简单的英文词了。他当时还不会说话,我给他看这些字词时,他就挥手、指着自己的鼻子、举起双臂。这是个非常好玩的游戏。每次答对了,他都得到不少掌声,让他很自豪。 智

52 在字卡游戏中学习新知识

用字卡来帮助宝宝理解像颜色、形状、数字和大小等概念。你可以想出很多不同的玩法。例如，在宝宝面前放两张卡片，一张上画着三角形，一张上画着圆形。两个月大的宝宝就能辨别它们的不同了。对于大一点的宝宝，你可以帮他/她把形状和对应的名称联系起来，问宝宝"哪个是三角形"和"哪个是圆形"，看宝宝能不能指对卡片。如果宝宝不知道答案，指给他/她看对的卡片："就是这一个。"如果宝宝指错了卡片，温和地纠正他/她说："我觉得是这一个。"重复这些问题一直到宝宝答对为止。这种玩法能促进宝宝的对比-比较能力，帮助他/她学习各种概念。外外非常喜欢玩这个游戏，到19个月大的时候，已经学会了很多颜色，形状，各种各样的车（例如，小汽车，卡车，救护车），还有一些数字。智

53

给宝宝玩纸和盒子

当你给宝宝一个包好的礼物时，虽然你觉得这个礼物很有意思、很可爱，但你会吃惊地发现，宝宝有可能更喜欢玩包装纸和包装盒，而把礼物弃置一边。为什么呢？因为纸和盒子有着无穷多的玩的可能性，宝宝可以用各种感官来对它们作积极地探索和试验。他/她可以用眼睛来观察包装纸上有趣的图案，用嘴去啃纸和盒子，用手去撕纸、扯开盒子。他/她可以听撕扯时发出的怪怪的声音，玩那些撕扯出来不同形状的纸片。宝宝长大一点后，他/她可以把盒子顶在头上，假装它是顶帽子。或者站在盒子上，假装它是个台子。或者坐在或躺在盒子里，假装它是个床或房子（外外最爱这么做）。这种玩法叫象征游戏（symbolic play），表明宝宝现在开始懂得一件东西（如：纸盒）可以代表另外一件东西（如：帽子）。除了纸和盒子，你还可以给宝宝一些像小的布枕头、木勺子、塑料容器、量杯量貝等日用物件去做新的尝试。记住这些物件一定要安全，宝宝可以用嘴来探索，而且要够大，这样宝宝不会把它们吞下去。智

54

慷慨地表扬宝宝

因为担心孩子可能会骄傲，受到中国传统思想影响的爸爸妈妈在表扬孩子这一点上显得很谨慎。当孩子做得好时，他们不轻易给予夸奖，而当孩子做得不好时，他们严厉地批评，希望孩子以后能改正错误和进步。这种惩罚性的做法，在强调自信和自我主张的现代社会已经不再适用了。孩子感到骄傲和自豪没有任何错。研究表明，惩罚性的育儿方法可能导致儿童自我怀疑和自信不足，还可能进一步导致抑郁和失败。所以，要即时鼓励和夸奖宝宝成长过程中的每一个成就——比如宝宝第一次坐起来，第一次迈步走路，第一次说话，以及宝宝所有好的品质和行为——例如吃蔬菜，做事专注，和其他宝宝分享玩具，等等。给宝宝多一点掌声，让他／她知道你为他／她感到多么骄傲。 情 智 体

55

无论夸奖还是批评都要针对行为

夸奖宝宝的方式有很多。要用像"做得好！""做得真棒！""表现太好了！"和"做得很不错！"这样的语句。避免使用像"好儿子！""乖女儿！""你太棒了！"和"聪明宝宝！"这样的语句。夸奖关键是要针对宝宝做了什么、完成了什么，而不是他／她是什么样的人。如果你针对的是人，叫宝宝"好儿子""乖女儿"，宝宝可能会担心，下次他／她如果做得不这么好，就会变成了坏儿子、坏女儿，他／她可能因此停止尝试，以免犯错。没人想成为坏人。但如果你针对的是宝宝的具体行为，告诉宝宝他／她做得很棒，他／她更可能为自己感到骄傲，而继续努力把事情做好。心理学研究表明，具体的、真实的表扬能让孩子更努力、更坚持不懈地完成任务。同样的原则也适用于批评：当你教训宝宝的时候，要针对宝宝的行为（如"不要玩食物"），而不是否认他／她整个人（如"坏宝宝！"）或他／她的品质（如"真没规矩"）。 情 智

56 用促进性的方式夸奖宝宝

还有一个与夸奖有关的重要点是要区分促进性和预防性方式。促进性方式着重获取好的结果，父母鼓励孩子用恰当行动去取得成绩和奖励："好好干，努力就能成功。"相反，预防性方式着重避免坏的结果，父母警告孩子什么该做什么不该做，以免犯错误和受惩罚："不要乱玩，不然会摔。"研究显示，促进性方式能提高孩子的自信和冒险精神，并与创造力和创新力有关联。相比之下，预防性方式可能导致悲观和怀疑态度。研究还发现，亚洲人比西方人更倾向于预防性思维，而较少具有进取性思维，这可能是育儿方法上文化差异的结果。从小就对宝宝使用促进性的表达方式，在安全的前提下鼓励他/她去做事情和冒险，让宝宝知道犯错误没关系。避免说太多的"不要干这""不要干那"。情 智

57 带宝宝去真正的游泳池上游泳课

只要你觉得放心，就可以尽早开始带宝宝上游泳课了。这么小的宝宝，可能不是在真正学怎么游泳，但早点下水能让他们适应水性。如果行的话，你可以和宝宝一起下水。我在外外大约13个月大的时候，给他报名上游泳课。和大多数宝宝一样，他刚开始很怕水，抓着我不放手。几堂课之后，他在水里完全放松了，按照老师要求的去踢啊、泼啊、踩啊。他也跟老师很亲近，下课了不肯走，还想继续和老师在水里玩。早期和水的接触为以后学习游泳打下基础，外外在上幼儿园的年纪，就很快地学会了游泳。体

58

给宝宝启动行为的时间

宝宝的大脑远没有发育成熟，其中一个表现就是宝宝缺乏抑制能力。你可能观察到，要让宝宝开始做一件事很难，而要让他/她停止做一件事就更难。当宝宝正在开心玩耍时，你若叫宝宝放下玩具去吃饭，或是要离开游乐场回家，那就难上加难，经常会出现宝宝要赖发脾气、爸爸妈妈不得不强行把他/她抱走的情形。了解了这个年龄的宝宝缺乏抑制能力的特点，你就不要期望宝宝对你的要求作出"立即、马上、必须"的反应。给宝宝一些启动行为的时间，比如回家的时间到了，你可以事先提醒正在玩耍的宝宝，告诉他/她："我们得回家了。你可以再玩五分钟。"虽然宝宝不知道五分钟的确切长短，但他/她懂得只能再玩一会儿就要离开。你在三分钟和一分钟时再提醒宝宝。这样，离开对宝宝来说是预期之中的，他/她也有充分的时间来调节自己的情绪和行为，最后会更顺畅一些地跟你走。情

59 继续为宝宝创造丰富的语言环境

现在你可以开始有意识地教宝宝字词和句子。把宝宝看到的每个事物的名称说出来，并重复几遍，比如"车，车，车，那是一辆车""树，树，树，看这棵大树"。你可以用夸张的语气、高音调和缓慢语速来吸引宝宝的注意。你还可以把新字词用在上下文中，例如"我们开车去看奶奶""鸟喜欢住在树上"。也许宝宝一开始没听懂你在说什么，或者没有任何反应，但你会惊讶地发现有一天，他／她好像"突然"明白了你所有讲过的东西。随着宝宝长大，鼓励他／她把所做所见用言语表述出来。例如，问他／她："那朵云看上去像什么？""怎样用积木搭建一个高塔？""你画的是什么？"反复给宝宝读他／她最喜欢的书，在读书前和读书后一起谈论故事的内容。带宝宝参加故事会，和别的孩子一起听故事。智

60 教宝宝身体部位的名称

我和外外每天早上醒来以后，会在床上玩几分钟，这已经成了我们的一项例行活动。我们最喜欢做的一件事情就是我会问："宝宝的鼻子在哪儿？"或者"宝宝的腿在哪儿？"然后我会摸摸他的鼻子或腿说："在这里！"我也会问："妈妈的鼻子在哪儿？"并指着我的鼻子说："在这里！"然后我们重复其他的脸部五官和身体部位。这个游戏对宝宝来说太有趣了，外外总是呵呵大笑；同时，它也能帮助宝宝形成对身体的意识。当外外大概15个月大的时候，有一天，我问了问题以后，他突然开始指着自己身上正确的部位，我们俩都特别高兴和自豪！接着又有一天，我们俩站在镜子前玩，当外外听到我说"鼻子"，他马上指着镜子里自己的鼻子。和宝宝一起打着手势唱关于身体部位的儿歌，如"头，肩膀，膝盖和脚指头"，也是既有趣又能教宝宝身体部位名称的活动。 (智)(情)

61 帮宝宝建立个人史

外外出生以前我就开始做他的剪贴簿，里面有跟他有关的各种照片和纪念物，包括爷爷奶奶和外公外婆的照片，我怀着外外旅游时候的照片，超声波图片，朋友和家人写的贺卡，为宝宝出生举办聚会的照片，等等。外外出生后，值得收藏的东西更是成倍增加，比如宝宝的第一张照片，宝宝出生时在医院按的脚印，宝宝的出生证，出生公告，以及宝宝生活中所有珍贵时刻的照片。后来，照片太多了，不可能全部都放在剪贴簿里，我就开始制作数码照片相册。一起看剪贴簿和相册是我和外外最喜欢做的事情之一。我特别喜欢把外外抱在腿上，和他一起看照片，给他讲他成长的故事。这种分享记忆的活动，不但能帮助宝宝提高语言和沟通技能，还能促进宝宝自我意识的发展，并加深宝宝和你的情感联系。 智 情

62 帮宝宝养成整理房间的好习惯

很多孩子上小学了还不会整理自己的房间。他们的房间经常是乱糟糟的，到处扔着玩具、脏衣服和书。虽然父母深受困扰，但常常是除了跟在孩子后面收拾打扫，也无能为力。爸爸妈妈要从一开始就帮宝宝养成整理房间的习惯。宝宝玩完以后，让他/她清理，把玩的东西收起来。宝宝能走路的时候就可以开始这么做了。他/她开始可能还不明白整理是什么意思或者怎么做，可以建议他/她说："我们把玩具放回架子上怎么样？"并和他/她一起做。不要完全替宝宝收拾，或者让别人比如奶奶来替他/她收拾。做给他/她看如何清理和收拾东西。早期教宝宝最好的方法就是做示范。日积月累，宝宝就会学会整理自己的房间，让东西井然有序。这个实践不但培养了好习惯，也灌输了责任感。情

63 促进好习惯的养成

帮宝宝把好的行为（如，好好吃饭）和他/她喜欢的东西或活动（如，一个诱人的玩具）联系起来，以促进宝宝好习惯的养成。我给外外买了一个狸猫形状的豆袋沙发，外外非常喜欢。每次喝牛奶的时候，我就让他靠在狸猫豆袋旁喝。这样，喝牛奶对他来说就变成了一件很开心的事，以至于只要一看到我准备牛奶，他/她就会马上跑到狸猫旁坐下等着，非常自觉。同样的，你可以买一些可爱的碗和勺子让宝宝吃饭用。这个方法还能用于宝宝的如厕训练。让宝宝自己挑一个他/她最喜欢的颜色和图案的马桶坐垫或便壶，每次他/她上厕所时放他/她最喜欢的歌，上完后奖励他/她一张贴纸，让他/她自己冲马桶（所有宝宝都爱冲水玩），并让他/她感到自豪："这真是大男/女孩该做的事情！"情

64 做镇定自如的父母

对宝宝的"事故"不要大惊小怪,更不必惊慌失措。你会注意到,宝宝开始走路后,"事故"的发生急剧增加。小孩子跑来跑去,不可避免地会摔跤,撞倒东西,受点伤。在这种时候,父母往往会立刻冲上去"抢救"宝宝,脸上带着震惊的表情,还大声嚷嚷"怎么了?没事吧?"动作幅度极其大。虽然宝宝可能并没有受伤,但因为父母的过度反应,反而被吓哭了(还记得我之前讨论过的"社会参照"吗?)。长此以往,宝宝可能也会变得容易大惊小怪,为生活中的每件小事烦扰。我们都希望宝宝坚韧、顽强,而不是过度敏感和脆弱。所以,在保护宝宝不受身体伤害的同时,要保持镇静。为宝宝创造一个安全的环境。意外发生的时候,表示你的关怀(如:抱着宝宝,亲亲他/她,安慰他/她),告诉他/她没事了,同时鼓励宝宝要勇敢,夸他/她是个多么勇敢的小伙子/小姑娘。有镇定自如的爸爸妈妈,才能有坚强无畏的宝宝。情感和意志上的力量,作为情商的一个重要方面,对将来的成功至关重要。情

制造开怀大笑的机会

扮鬼脸、发出搞怪的声音、做好玩的动作、来一次枕头大战、一起跳舞、互相挠痒痒——做任何能让宝宝开心大笑的事情。等宝宝长大一些，能欣赏搞笑的情形、好玩的童谣和文字游戏中的幽默后，就可以给他/她读搞笑的书，给他/她讲笑话。外外最喜欢的一本好笑的书是大卫·香农（David Shannon）的《大卫，不可以！》，它讲的是一个叫大卫的淘气男孩，不守规矩，总是做一些惊人的坏事情，结果挨妈妈骂。每次我们读这本书，外外都会开怀大笑。一起大笑是促进家庭关系融合的好方法。而且，心理学家发现，反复的笑能达到和体育锻炼一样的效果，可以增强免疫力，增进健康的食欲。大笑还能让大脑释放特殊的神经化学物质，这些物质不但能让我们感到开心，还能让我们更坚韧地承受痛苦和压力。一个笑颜逐开的孩子能更好地应对日后生活中的困境。㊗

和宝宝一起玩解决问题的游戏

这个实践涉及心理学家所称的"临近发展区"(zone of proximal development)的概念。相对自己单独做事情而言,当宝宝和大人或者其他大孩子一起做事时,宝宝通常能做得更好、有更好的成绩。这两种情形下成绩的差别,就是临近发展区。所以,你经常和宝宝玩,一起完成任务,合作解决问题是非常重要的。无论你多忙,每天至少花半个小时和宝宝一起玩解决问题的游戏。例如,宝宝在用积木搭一座塔。你可以表示兴趣,并鼓励他/她:"这座塔真漂亮!"你还可以提建议:"我们在底部加一些积木怎么样?这样的话,我们可以把塔搭得更高。"宝宝感到挫败时,表示同情,同时鼓励他/她继续努力:"遗憾塔又倒了。没关系,我们重新搭。我们轻轻地把积木一块一块地往上放。"宝宝做得好时,表扬他/她:"你让积木上下平衡,真棒!"你还可以把宝宝的玩耍和学习联系起来,道出他/她的兴趣:"你喜欢搭高楼是吧,我的小建筑师?"通过一起玩,你创造了一个让宝宝的技能得到延伸和最大化的空间。更重要的是,你给宝宝展示了学习和解决问题的有效途径,并促进了很多像坚持不懈、全神贯注和创造力等重要品质的发展。 ㊗ ㊗

让宝宝尽情奔跑

现在宝宝能走路了，就让他／她尽情狂奔吧。这可能是他／她第一次真正意义上的"全身大运动"（big body play）——一种活动剧烈、情绪旺盛的玩的方式，很多孩子都非常喜欢。宝宝小的时候，当你亲他／她、抱他／她、挠他／她的痒、把他／她抛向空中的时候，他／她可能已经体验了全身大运动的乐趣。等到宝宝能走路了，他／她就可以真正享受全身大运动带来的自由和独立。全身大运动对孩子的体能和社会发展都很重要。通过全身大运动，孩子能了解自己的身体，并学会控制自己的身体，还能发展语言和非语言的沟通能力，并且学习和实践玩的游戏规则（如轮流玩）。这些技能为孩子日后参与团队运动奠定了基础。你可以带宝宝去一个大的草坪或操场，让他／她或和他／她一起狂奔，互相追逐，开怀大笑。我经常和朋友们开玩笑地说，外外在会走以前已经会跑了。我记得他13个月大的时候，在他迈出了第一步的那一天，我们带他去了附近的一个学校，让他在足球场上尽情地奔跑。他跑啊，笑啊，沉浸在刚刚获得的新自由之中。 (体) (情)

68 向宝宝示范什么是坚持不懈

坚持不懈是情商的另外一个重要方面，爸爸妈妈应尽早促进其发展。宝宝玩耍时遇到困难，例如他/她的积木塔接二连三地倒塌，要给予他/她鼓励和积极的情感反馈。告诉他/她："下次你一定能搭得更高。坚持就是胜利！"并帮助他/她通过坚持不懈达到目的。如果宝宝感到挫败想要放弃，给他/她出主意，和他/她一起来解决问题。另外，在日常生活中给宝宝树立坚持不懈的榜样。让他/她看看，你在尝试一个新任务的过程中，即使遇到困难，也不放弃。你可以和他/她分享你的思维过程，尤其是有步骤指导的过程："噢，要让这台机器运转真是难。我觉得很受挫。但是我不会放弃的。我要再读一遍说明书，一步一步地照着做。"通过你的鼓励和示范，宝宝能学会不轻易放弃，并体验任务完成时的成就感。这样，下次他/她再遇到艰难任务时，更会坚持不懈。 情

69 巩固宝宝的新技能

随着宝宝长大，他／她会以惊人的速度发展新技能、获取新知识。而且宝宝现在的语言和运动技能可以让他／她展示他／她的新成就，所以你比从前更容易观察到他／她的成长。比如，宝宝用全新的方法玩一个旧玩具，说出一个新词或新句子，走路走得更稳更远，正确按照你的指引做事，自己穿鞋子，等等。每个新的技能，刚开始的时候都会不稳定、不完善。一旦你观察到宝宝的新技能，就夸奖他／她（如："做得真棒！"），并鼓励他／她重复尝试（如："再做给我看看！"）。控制自己想要去纠正宝宝或者代替他／她把事情做完美的冲动。我经常看到美国的宝宝把鞋子左右穿反了，他们的爸爸妈妈也不干涉，让宝宝继续拐着鞋子跑来跑去。让宝宝知道你为他／她骄傲，多鼓励他／她来建立他／她的自信心。在你的鼓励下，宝宝对自己的能力感到自豪，就有动力不断练习，直到完全掌握这个技能为止。这个过程本身还能让宝宝体验成功，同时促进坚持不懈的好品格的养成。智 情 体

70 有选择性地陪宝宝看教育类节目

市面上有成千上万的幼儿录影带和DVD，都保证说能让宝宝更聪明。有些是基于研究结果而开发的，可能显示了一些好的效果，但也有胡拼乱凑、糊弄赚钱的。做明智的选择，对这些录影带和DVD做一些研究，读读其他爸爸妈妈的评论，如果可能的话，咨询一下儿童发展专家的意见。做出选择后，更重要的是要意识到，录影带和DVD不能取代你——宝宝的爸爸妈妈。宝宝需要和你一起读书，听故事，听音乐，画画，玩游戏，拼图，玩纸、粘土、积木、玩具娃娃等实物，并用自己的手来创造，看录影带和DVD永远不能代替这些真实生活的体验。所以，如果你让宝宝看教育类的节目，花时间和他/她一起看，边看边和他/她讨论节目的内容。社会互动和交流能最有效地让宝宝从节目中学习知识，得到乐趣。 智 情

71

给宝宝创造和大孩子们玩的机会

这个年纪的宝宝通常喜欢和比他们大的孩子玩。他们羡慕那些大男孩大女孩，试图模仿大孩子们所做的一切。就像宝宝和大人玩一样，宝宝和大孩子玩受益良多。通过模仿和玩耍，宝宝能习得（在他们的临近发展区）解决问题的技能，学习表达情感，体验关心他人，了解与伙伴们相处的规则规范，练习进行积极的社会互动，学会控制自己的欲望和需求来让玩耍顺利进行，并发展自我调节能力。为宝宝挑选玩伴时要谨慎，以确保为宝宝树立良好榜样。如果你认识某个大孩子，他/她具备很多你欣赏的优良品质，那么跟他/她的父母约个时间，让他/她来照看宝宝或和宝宝一起玩。情 智

72

一有机会就和宝宝一起数数

启发宝宝去发现周围环境中蕴藏的数字，把数数变成一个有趣的游戏。比如宝宝要饼干吃，玩毛绒动物，投篮，或者是在住宅区散步的时候，都可以让他/她数数。把数数融合到日常活动中能有效地帮助宝宝理解数数的基本原则，比如每件东西应该数一次且仅此一次，应该按照正确的序列来数（1,2,3,4,5，而不是 1,3,2,5,4），数数的顺序（从左往右或者从右往左）没有关系，数到最后的一个数代表一共有多少件东西。用手指计数对这个年龄的宝宝来说是一个既有效又好玩的方法。和宝宝一起做一、二、三、四、五的手势。唱诵像"一二三四五，上山打老虎"这样的童谣也很不错。通过指出东西的形状和大小，谈论它们的模式，以及描述它们的相同和不同，把数数和其他的数学概念（如：形状，尺寸，模式）联系起来。智

73 让宝宝自己吃饭

让宝宝自己吃饭可以促进独立，增强宝宝的自信心。在美国，父母吃饭的时候，宝宝坐在有托盘的高脚椅里自己吃饭是很寻常的事。很多美国父母，在宝宝一旦能坐起来的时候，就让他们自己吃饭了。小一点的宝宝还不会用餐具，所以他们就用手，抓起食物往嘴里放。很多时候，食物一半吃到了嘴里，一半掉在地上，而且宝宝会吃成大花脸。这在有些中国父母看来，可能既浪费食物，又浪费时间，还把地板弄得很脏。所以他们干脆包揽一切，喂宝宝吃饭。但有一点他们没有意识到，替宝宝做事会"剥夺"宝宝的自发性和独立性，可能让宝宝再也没有动力去自己做事情。如果你担心弄脏地板，在宝宝的高脚椅下垫一块旧浴帘或几张旧报纸来接漏掉的食物。情

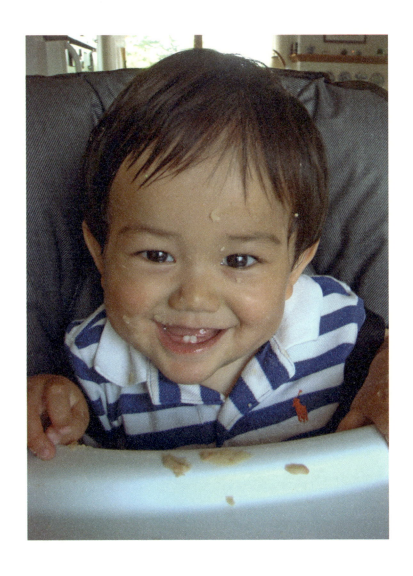

74 弄懂宝宝想要告诉你什么

宝宝可能会做出一些你认为奇怪的行为。他/她可能没事突然大叫，或者在你带他/她到朋友家串门时，在人家的沙发上上蹿下跳，或者在家里疯跑个不停，或者在晚饭时故意把面条放在自己头发上。如果同样的行为反复出现，试着通过观察找出原因。注意宝宝行为出现之前和之后发生了什么，并把它记录下来。经过一段时间后，你就能发现其中的规律。也许是每次你离开房间的时候宝宝大叫。或者当他/她在别人家的沙发上跳来跳去时，你冲他/她笑，还说他/她可爱。或者每次他/她在家里狂跑或是把面条放在头发上时，他/她都能得到你和家里其他人的关注（例如，每个人都上去和他/她谈话，给他/她清理）。一旦你看出其中的规律，知道了原因，就可以做出改变。比如，事先让宝宝知道你得离开一下，会马上回来；对不好的行为说"不"；宝宝表现好的时候，才给予他/她关注和奖励。那些奇怪的行为会很快消失。记住，行为是沟通的一种方式。通过观察宝宝的行为，你能明白宝宝要告诉你什么。情

75 在宝宝犯错时使用"time out"

小孩子犯错误是不可避免的。他们会做不该做的事情，或者大发脾气。用"time out"让他们知道，一个人的行为是有后果的。"time out"在中文里没有合适的同义词，大概有"隔离反省"的意思吧。在美国，老师和家长经常用它来矫正孩子的不良行为或情绪反应。犯了错误的宝宝一人独自待在一个安静的地方，反省自己的错误，知道错误并道歉后，才可以接着玩耍。反省的时间长短要根据孩子的年龄而定，这个年纪的宝宝最好不要超过两三分钟。在家里选择一个固定的地方做"time out"，比如楼梯下的角落、餐厅的桌子下面、客卧的床上等既安全又安静的地方。不要选择在玩具附近，以免宝宝分心。宝宝犯错后，告诉他/她"time out"，然后把他/她领到指定的地点，严肃地跟他/她讲他/她错在什么地方，让他/她待在那里反省。你的态度要严肃，让宝宝知道你是认真的，但不要怒气冲冲，更不要呵斥宝宝。一分钟左右后，回去看看宝宝，问他/她知道错了吗。如果宝宝不认错，让他/她接着反省。如果宝宝认错了，给他/她一个大大的拥抱，告诉他/她你爱他/她，玩耍又可以开始了。这个实践从一两岁的宝宝开始就很有效，它提供了一个让你能平心静气跟宝宝理论的机会，也提供了一个让宝宝能平心静气反省的机会。长期实施，能促进宝宝的自我调节和控制能力的发展。

培养宝宝的诗人情怀

给宝宝念儿童诗，还可以念唐诗宋词，即使他/她刚开始看起来不理解也不专心，诗的韵律、声调和语言模式会慢慢吸引他/她的注意。用生动的语调把诗读得声情并茂、情趣盎然。读完一首诗后，和宝宝谈论诗的内容和含义。它在表达什么样的情感？它是在描述自然吗？还是在讲述一个故事？宝宝听了感觉如何？有一天你会惊讶的发现，宝宝已经能记住你经常给他/她读的诗词。等宝宝再长大一些，试着和他/她一起作诗。选一个具体的题目，比如宝宝喜欢的一个玩具，家里的宠物，院子里的大树，天上一块奇形怪状的云彩等等。可以模仿读过的诗中所用的韵律，或者干脆自由发挥。鼓励宝宝把他/她的观察和感受描述出来，然后你用朗诵的方式复述他/她的话，不押韵也没关系，再加上一些你的修饰，一首诗就写成了。再以后，你们可以你一句，我一句，或者你上句，我下句。还可以一起作一些搞笑的打油诗。听诗作诗不但能增强宝宝的词汇量和叙述能力，还教给他/她一种表达自我的方式。

一起演奏音乐

从长远来看,这个有趣的家庭活动能提高宝宝的数学能力,促进他/她的社会行为,还能为以后阅读打下基础。给宝宝提供一个乐器,如木琴、摇铃、手鼓或者大鼓等。如果家里空间够的话,有台钢琴会很不错。日常物品像纸箱、塑料盒、木勺子、锅等等都可以用来做乐器。和着音乐或自己的歌声来敲打出节奏。和宝宝一起一边演奏,一边唱,一边随着节奏跳舞。还可以你一下我一下地轮流敲,制造出不同的音节模式。如果你们在演奏一首歌曲,和宝宝分配好任务,比如让他/她演奏每句歌词开始的几个音节(例如:"一闪一闪……"),你来演奏其余的音节(例如:"亮晶晶")。这些有趣的活动能激发宝宝对音乐的兴趣,并锻炼他/她的韵律感和乐感。宝宝在探索、重复和制造韵律和节奏的同时,也学着匹配语言的音节,并理解音乐中蕴含的数学概念。 智 情 体

78 和宝宝玩"完成句子"的游戏

这是促进宝宝语言发展的有效方法。我和外外最喜欢的一个游戏是我背一首诗里每一句的前部分（例如："床前明……"），他来完成后部分（例如："月光"）。随着他长大，我背的部分越来越短（例如：从"慈母手中……"变成了"慈母……"），而他完成的部分越来越长，从刚开始每一句的最后一个字，到后来第一个词以后的整句话（例如：从"线"变成了"手中线"）。再到后来，我只要说诗的标题，他就能背整首诗。到两岁的时候，他已经学会了十多首中文古诗。这个游戏还可以用唱歌的方式来玩，你唱一句话的前半句，让宝宝唱后半句。宝宝很快就能学会他/她最喜欢的歌曲。阅读也可以用同样的方法，你读前半句，让宝宝完成后半句。如果歌词或者故事有押韵，玩起来就更是有趣。这个既简单又好玩的游戏可以促进宝宝的大脑发育，为他/她进行交流和阅读作准备。智

79 和宝宝一起上音乐课

如果你住的地方有专业人士开设音乐课，去给宝宝报名。我和外外一起参加了一个叫"一起演奏音乐"(http://www.musictogether.com)的课程。这是专门为从新生婴儿到学前班儿童以及他们的爸爸妈妈设计的课。课程的理念是每个小孩都有音乐天性，而父母对于孩子的音乐发展和音乐欣赏至关重要。每节课上，老师带领父母和孩子们伴着动听的音乐一起唱歌跳舞，大家还人手一个乐器敲打演奏音乐。这些活动非常有趣、生动、吸引人。孩子们刚开始只是看和听，在他们学的过程中，慢慢越来越多地参与进来，跟着拍手、唱歌、起舞、奏乐。外外两岁左右开始这个课程，上了几堂课以后，他就明显地对音乐更加感兴趣。不管在哪里，一听到音乐，他就随着节拍拍手跳舞。他很喜欢他的音乐老师，对老师的吉他尤其着迷。所以老师建议我们给他买一个夏威夷四弦琴（也叫夏威夷吉他，比一般的吉他小）。这把琴成了他最喜欢的玩具之一。情 智

80 将英文学习融入生活

如果你想从小教宝宝学英文,一个简单又有趣的方法就是把英文融汇在日常生活中。例如,让宝宝玩字母积木和字母拼图,把字母磁铁贴在冰箱上,用字母来布置他/她的房间(如用印有字母的地毯和壁纸),给宝宝一个会说英文短语、唱英文歌的毛绒玩具,等等。这样,学习就变得自然有趣。还可以和宝宝一起读英文的儿童图书和杂志,选择的读物最好是有五颜六色的图片,简单的故事,以及有趣的活动(如:找出图片里隐藏的物品)。指着图中的物品说出它们的名称,教宝宝新的词汇。和宝宝一起背英文儿童诗歌,体会其中的韵律、声调和内容。另外一个让宝宝学习英文的有效方法就是和宝宝"谈判"。例如,宝宝想要饼干或巧克力吃,你让他/她先背出一个你刚刚教过的单词才给他/她。或者宝宝想要看"喜羊羊和灰太狼",要他/她学几个故事里的生词(如小羊,狼)后才让看。只是要注意不要过度使用这个方法,以免引起宝宝反感。外外满两岁的时候,已经学会了很多单词和所有的 26 个字母。智

让宝宝乱涂乱画

一旦宝宝发展出手的精细运动技能，能够抓握住笔或蜡笔，乱写乱画或涂鸦就成了一项有趣的活动。涂鸦让宝宝表达自我和自己的想象，感受创作的快乐，并体验成就感。宝宝还能进一步锻炼他/她的精细运动技能，并通过试验各种颜色来学习色彩。不要过分担心会把房子弄脏，尽量给宝宝准备可水洗的彩笔与颜料。在美国，一些父母贡献出一整面墙让他们的小淘气来涂鸦。如果你不想要宝宝在你的墙上乱写乱画，给宝宝准备大张的厚纸和一张表面耐脏的儿童用的桌子或者画架。给宝宝系上围裙，让他/她任意涂鸦。另外，户外用的粗粉笔和在浴缸里用的肥皂蜡笔都是不错的选择。还可以试试用手指画画，让宝宝用手指蘸上颜色鲜艳的果汁来画画尤其有趣（发挥你的创意吧！）。为宝宝的涂鸦鼓掌，激励他/她的艺术冲动。让他/她讲讲他/她的涂鸦是什么，以促进他/她表达信息和想法的能力。你可能不会想到，说不定你太喜欢宝宝的涂鸦了，以至于用它们来装饰家里的房间。情 智 体

82 培养宝宝有礼貌

随着全球化以及文化交流的日益频繁,讲求礼貌、注重礼仪变得越来越重要。在与不同文化的人互动时,不懂礼貌礼仪可能被误解为粗鲁、不合作、不友善。从小教宝宝讲礼貌,从使用像"你好""最近怎么样""早上好"和"再见"等问候语开始。每次宝宝提出要求或者得到帮助的时候,让他/她说"请"和"谢谢"。当你向宝宝或其他人提出要求时,也要说"请"和"谢谢",为宝宝树立好的榜样。宝宝使用了礼貌用语时,夸他/她"做得好"。另外,还要帮助宝宝树立良好的行为习惯,如用完厕所后冲水,吃饭时要有用餐礼仪,别人讲话时不打岔,注意个人卫生,等等。孩子通过耳濡目染,不用多久他/她对这些行为就会习以为常。良好的举止礼仪不但是现代社会中必备的个人品质,而且能让宝宝将来有更好的社交生活。智 情

鼓励宝宝自己做事

观察宝宝的行为,以确定他/她有能力做什么。例如,如果宝宝知道把脚翘起来让你帮他/她脱鞋子,问他/她想不想试试自己脱。如果他/她会给玩具娃娃梳头,问他/她想不想试着梳自己的头。向宝宝温和地提出要求:"自己穿鞋子怎么样?""请你去把袜子拿来好吗?""你能帮我把脏尿布扔到垃圾桶里吗?"即使宝宝还不能做所有你要求的事情,他/她知道你期望他/她独立。另外,给宝宝分配一些像浇花、喂宠物这样简单的工作,还能让他/她觉得自己很重要、很有用。注意在宝宝不能完成你要求的事情时,不要让他/她感到失败或无能。给他/她提建议,帮他/她一起完成任务,为他/她鼓掌。认可宝宝的努力:"你叠好了所有的袜子!辛苦了!"把做事情变为乐趣。为了建立宝宝的自信,家长须克制自己不要去"纠正错误","快点做"或"按正确的方法做"。虽然宝宝仍能力有限,还需要你的帮助来完成很多任务,但是他/她会逐渐学会负责任、独立和自力更生。㊌

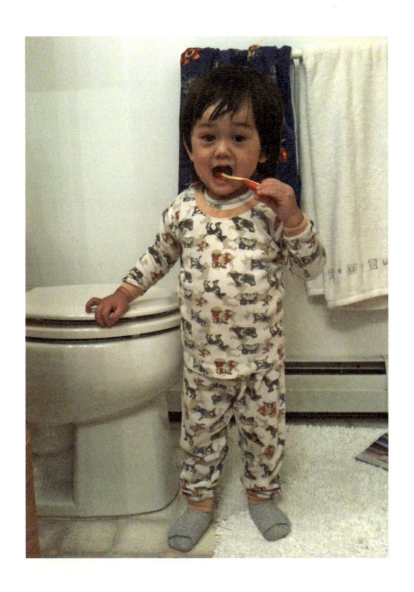

84 培养宝宝的好奇心

很多爸爸妈妈大概都知道"好奇的乔治"(Curious George)的故事：小猴子乔治对什么都非常好奇，要去探个究竟，结果给自己和大家带来很多麻烦，不过最后都是大团圆结局。你可能发现宝宝就像乔治一样对什么都非常好奇，有时候这让你担心他/她的安全。在安全第一的前提下鼓励宝宝的好奇心。跟宝宝订好有关安全的基本规则，如不准爬上厨房的台面，不准玩火或者煤气，不准摸电源插座，不准自己一个人出门，等等。增强家里的安全措施，以消除任何隐患。安心了，你才能放心让宝宝去好奇。鼓励宝宝的兴趣，评论他/她在做的事："你在看球为什么会掉下去，是吗？"并和他/她一起找答案。宝宝长大一些后，他/她的好奇心可能表现在问各种各样"为什么"的问题。有些问题可能会让你烦，还有些问题你可能自己都答不上来。不管怎样，要鼓励宝宝问问题，因为提问是知识和伟大发现的起源。教宝宝如何寻找答案：带他/她去图书馆，和他/她一起上网查询，咨询专家，一起做实验。讨论你们的发现，引导他/她作出结论。通过这个过程，宝宝不但获得了信息和知识，还学会像小科学家一样地思考。智

85 给宝宝一只宠物吗

当宝宝学会照顾宠物，能耐心地善待宠物时，他／她可能也会对人如此，这是教宝宝担责任、发展社会技能的好方法。研究表明，孩子们对宠物滋生的积极情感能促进他们的自尊自信。和宠物间的良好关系还能帮助孩子与他人建立信任关系，并发展好的技能和品质，包括非语言交流、同情心、尊重、忠诚和同理心。另外，通过宠物，孩子能接触自然，并学习关于生命的重要课程（如：生、老、病、死）。选择一个适合宝宝、你们家和你们的生活方式的宠物。譬如，如果家里空间有限，你可以考虑养一条鱼，一只鸟或是一只仓鼠。如果宝宝喜欢奔跑追逐、欢蹦乱跳，他／她会喜欢有只狗陪在身边。不论你选什么，告诉宝宝动物就和人一样，需要食物、水和运动。温和地提醒宝宝要关爱宠物。为宝宝做榜样，让宝宝通过观察你的行为，学会成为一个负责任的宠物小主人。情

86 开始给宝宝灌输像尊老爱幼这样的重要价值观

说教对这个年龄的宝宝不太有用,应该通过你自己的日常行为来对宝宝潜移默化。例如,你打开了一盒巧克力,把最好的几块给爷爷奶奶。如果只剩一个苹果了,把这个苹果留给爷爷奶奶。饭桌上,首先给爷爷奶奶夹菜。很多爸爸妈妈可能不自觉地第一个想到自己的孩子,把最好的留给孩子。这样做可能让孩子觉得他/她是世界上最重要的人。长此以往,他/她可能会自认为如此,很可能变得自我中心,甚至自私。你希望老了以后宝宝怎样对你,你就应该怎样对待自己的父母。爸爸妈妈的行为是向宝宝传递正确价值观的最好方法。情

87 给宝宝讲家史

你童年的照片，爷爷奶奶年轻时的照片，太祖父母以及其他亲戚的照片，都是珍贵的传家宝。这些照片可能是在有数码相机之前拍摄的，有些可能已经发黄甚至破碎了。把它们扫描下来，做成数码相册。和宝宝一起看这些照片，给他/她讲你们祖先的故事和家族史。就算是很小的宝宝，他们对远在自己出生以前发生的家族故事都很感兴趣。指给宝宝看照片里的人，告诉他/她这些人是谁，他们的生活中发生了什么事，以及他们的经历如何影响了整个家族。你还可以给宝宝看家里世世代代传下来的传家宝或纪念物，并分享其中的故事。这些活动帮助宝宝与他/她生命中重要的人建立情感联系，培养他/她的家庭感和归宿感，还能促进宝宝自我意识的发展。（情）

88 教宝宝时间和方向等抽象概念

这些概念很难向这个年龄的孩子解释清楚，最好的方法是把它们融合在日常活动中。例如，你帮宝宝穿鞋的时候，可以对他／她说："我们先穿右脚，再来穿左脚。"用同样的方法来描述宝宝的手、胳膊、腿、耳朵等，还可以这样来描述玩具（如：洋娃娃）和物品。通过具体例子，宝宝能逐渐总结出像左右这样的抽象概念的含义。大约两岁半的时候就知道如何区分"左"和"右"了。另外，把你想教给宝宝的抽象概念与宝宝日常生活中熟悉的事物联系起来，创造机会让他／她去闻、去尝、去听、去摸或者去看这些抽象概念。还可以通过聊天、唱歌、表演或者画画帮助宝宝理解这些概念。智

89 和宝宝一起探索户外环境

现在宝宝能够自己走路跑步了，你们一起探索户外会有更多的乐趣。预先定好一个在户外活动时要做的"任务"：数数有多少只鸟飞过。寻找微小或巨大或者是颜色特别（如紫色）的东西。闻闻花并辨别它们的名称。找罕见的如心形状的石头。采集不同形状、颜色和质地的树叶。跟踪一群蚂蚁。在不同季节观察你家附近的树。把树叶和花晾干做成书签。在院子里种花或蔬菜。抓蝴蝶、萤火虫或毛毛虫。还有就是玩泥巴，弄得全身都是泥。带一个放大镜，这样宝宝可以近距离地看他/她沿路找到的虫子、石头、树叶和其他宝贝。发挥你的创意，可做的事情无穷无尽。探索户外让宝宝直接接触大自然，并通过看、听、摸、闻、尝来学习新知识。宝宝可以跳跃、奔跑、攀爬、挖掘，自由主动地观察、探索和发现新事物。出发前和宝宝交待好一些基本的安全规则。给宝宝一些选择，让他/她决定想做什么。活动过程中问宝宝问题，启发他/她如何通过观察来学习。事后一起回忆在户外的所见所闻，引导宝宝从他/她的观察中作出结论（例如"秋天的时候树叶变红变黄了"）。智 情 体

90 培养宝宝的自控能力

心理学家做了个实验：研究人员让孩子独自留在一个房间里，孩子旁边放着非常新颖的玩具或者好吃的（如：棉花糖）。研究人员告诉孩子，如果他/她不去碰那个玩具或食物，等研究人员回来后，孩子就能玩那个玩具或者会得到更多好吃的。孩子们表现出非常不同的行为，有的控制自己不去碰玩具或食物，有的则忍不住去玩玩具或者尝食物。这个实验常被称为棉花糖测试（Marshmallow Test）。心理学家发现，能够抵御诱惑的孩子日后在学习和工作上会比经不住诱惑的孩子更成功。而缺乏自控能力，只注重即时满足眼下需求，则可能与精神疾病以及行为问题相关联。所以，要培养宝宝抑制自己当下欲望并调节自己的情绪和行为的能力。例如，不要对宝宝每次小小的哭号和需求都立即让步。让他/她知道得通过自己好的表现、帮爸爸妈妈做事、完成自己份内的工作等来赢得想要的东西。如果宝宝一时兴起想要什么东西，和他/她说或者做别的事情来分散他/她的注意力。和宝宝制定一个长期计划，比如省钱买一个特别的玩具。帮助宝宝把抵御诱惑看作一项重要的个人品质。两岁多的外外已经学会了把好东西慢慢留用，而且不需要任何提示就可以做到。㊋

91 让宝宝做个小摄影师

如今数码相机价格很便宜。给宝宝一个相机，让他/她拍照片。你可以教他/她一些关于取景、构图和采光的基本技巧，或者干脆就让他/她从自己的角度来看世界。有很长一段时间，外外到哪儿都带着他的相机。他很喜欢趁人不注意的时候给人拍快照，还喜欢从不同角度拍一个物体（如，一个玩具），然后比较这些照片。有时候我们出去郊游，外外带着他的相机拍摄沿途的植物和动物。有了相机在手，他对周围的环境尤其关注，寻找树上的鸟巢、地上的虫子、天空中的云，试图用相机捕捉所有事物。游玩回来，我们一起看照片，谈论他的发现。专门去趟动物园拍照也会很棒。通过相机来看世界能激发宝宝的想象力，帮助他/她仔细观察及了解人和自然，还让他/她日后能回顾自己的经历和发现。㊗㊙

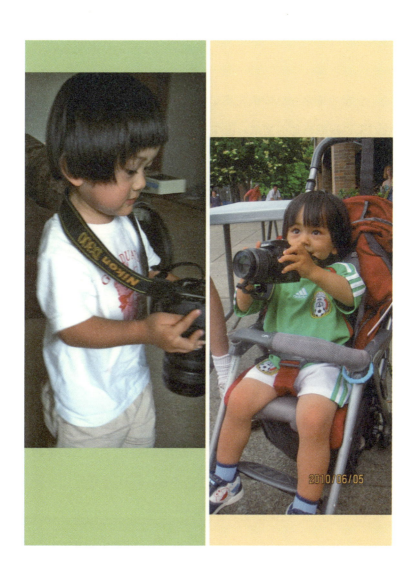

92 和宝宝一起做饭

宝宝对现实生活中的物品和材料都特别感兴趣，所以做饭对他们来说是很有趣的游戏。这个年龄的宝宝尤其喜欢烤蛋糕，把面粉弄得满手满脸，还偷尝蛋糕上的巧克力。玩面团能促进宝宝的想象力，还能增强他们手指的精细运动技能。另外，做饭时轻松自然，是个教宝宝实用技能以及重要价值观和品质的好时机。你可以和宝宝聊你们最近一起做的事，或者周末打算做什么。这样分享记忆和设想未来对宝宝的认知、社会和情绪发展有各种各样的好处，能增强宝宝的自我意识，加深他/她与你的亲密感情。你还可以给宝宝讲和做饭有关的经典儿童故事（例如石头汤，金发姑娘与三只熊），以及故事隐含的道理。你可以让宝宝帮着量做饭需要的材料，跟他/她解释计量单位，以促进他/她的数学能力。你们还可以编自己的食谱，叫宝宝画一张成分图，来促进他/她的想象力和创造性。总之，一起做饭是一个开放式的活动，你可以通过无尽的方式来促进宝宝的成长。（情）（智）（体）

让宝宝玩沙子

宝宝大都喜欢玩沙子。沙子可以用于开放式游戏,其乐无穷,激发宝宝的想象力、创造力和自我表达。而且,玩沙子通常活动量很大,能促进宝宝的身体发育。和其他孩子一起玩沙子尤其有趣,宝宝通过玩学会分享、合作和其他社会技能。玩沙子还能提高宝宝的语言及数学能力。带宝宝去附近的儿童园地玩沙坑。如果你家室外有地方,给他/她建一个小沙箱,并准备各种用来玩沙子的工具,例如铲子、桶、塑料动物和小人、水等。和宝宝一起玩,一起摸爬滚打。在沙子里挖一个深洞,灌水进去,让宝宝观察会发生什么。把沙子和上水,用棍子或手指在上面画画。用沙子做蛋糕,做雕塑,当然还有城堡,然后让宝宝用小石头和其他捡到的物件来装饰。外外可以玩好几个小时的沙子都不累。看到他忙进忙出,提着一个水壶,里面装了沙水混合物,做着他的小实验,会觉得非常好玩。他的脸沾满了沙土,但是充满了笑!冬天的时候把玩沙子换成玩雪。在室内玩米也可以代替玩沙子。在地板上放一大张塑料布(如:旧浴帘),把米倒在上面。这会让宝宝忙上好一会儿。 智 情 体

94 如何帮助宝宝养成健康的饮食习惯

在现代家庭中,孩子通常是想吃什么就能吃到什么,想吃多少就能吃多少。加上多数家庭都是独生子女,爸爸妈妈更是竭尽全力让宝宝吃饱吃好。结果,肥胖症成了越来越让人担忧的问题。养成健康的饮食习惯需要从小做起。按照这个年龄段孩子的营养标准,为宝宝提供适量的有营养的食物。全家一起吃饭,吃饭时不允许看电视。在正餐之间,选择像新鲜水果、生菜、低脂酸奶这样的健康零食,避免垃圾食品。定期给宝宝介绍新的健康食品。教宝宝要因为饿了才吃东西,而不要只因为东西好吃就使劲吃。因为食物而不是因为需求而吃的人更容易得肥胖症。在你奖励或者安慰宝宝的时候,用拥抱和亲吻,不要用食物,这样可以防止宝宝养成用食物来奖励自己或者舒缓压力的劣习。确保宝宝每天都有锻炼。晚饭后一起散步是我们最喜欢做的事情。体

95 带上宝宝去旅行

爸爸妈妈都希望宝宝能周游世界、眼界开阔，而不要成为井底之蛙。一有机会就带宝宝去旅行。和直觉相反，带婴儿宝宝旅行实际上很简单，只要喂饱了，小宝宝大部分时间都在睡觉。宝宝会爬会走之后，情况就有点棘手了。你需要不断地关照他/她，还得增强安全意识，不要让宝宝走丢了。带宝宝旅行的其他麻烦包括额外的行李，准备婴儿食品，带婴儿车，旅游花费增加，你本来可以自己单独去的地方现在不能去了，等等。但是所有这些麻烦都是值得的！通过旅行，宝宝会学到新东西，遇见新的人，掌握新的技能，可能最重要的是，逐渐了解新的生活方式。宝宝长大后很有可能不再记得这些早期旅行的经历，因为大孩子和成年人通常不记得自己三四岁以前发生的事情。然而，这些经历可能对宝宝的行为和情感有深远的影响，日积月累，他/她会对旅行滋生喜爱，开始真正品味新的历险旅程。在旅途中照很多照片，旅行结束后一起看照片，回忆旅行中的见闻趣事，帮宝宝记住这些和你一起经历的旅行和快乐时光。智 情 体

为宝宝上幼儿园作准备

大多数孩子三岁左右开始上幼儿园。让宝宝为这个人生大转变做好准备。如果这是宝宝第一次离开家、离开你,那么分离焦虑会是你和宝宝都需要克服的第一件事。安排朋友或亲戚时常来照看宝宝一会儿,这样你和宝宝可以慢慢适应相互说再见。如果宝宝在分离时显得很痛苦,安慰他/她,向他/她保证你会很快回来。你自己需要坚强,不要流露出你的痛苦。(可以理解,父母第一次离开宝宝有多么难!)为了让宝宝熟悉幼儿园的作息活动,和他/她一起读关于上幼儿园的书,谈幼儿园里孩子们做的好玩的事。带宝宝参加当地图书馆或书店的读书活动,适应听别人而不是自己的爸爸妈妈读书。安排时间和宝宝一起去参观幼儿园,和宝宝未来的老师见面。可能的话,和宝宝一起旁听一节课。给宝宝讲你小时候上幼儿园的经历和感受。让宝宝自己挑一个新书包,在上面绣上他/她的名字,让他/她背着新书包照张相,把照片贴在冰箱上。在每天的学习活动中继续培养宝宝的求知意愿和自信。有了充分的准备,宝宝会怀着美好的憧憬期待去上幼儿园。 ㊙

鼓励宝宝的自主感

两岁以后的宝宝已发展了基本的自我概念，他们知道自己是男孩还是女孩，是小孩而不是大人，以及自己能做什么和不能做什么（虽然他们常高估自己的能力）。随着自我概念的发展，宝宝的自主意识日益增强。你可能发现有一天，宝宝突然开始对你叫他/她做的任何事情，甚至是他/她平常喜欢做的事情，统统说"不"。他/她还可能执意按自己的方式行事，比如穿什么衣服，玩什么玩具，过马路不要牵你的手，坚持要做自己还没能力做的事情，等等。依照传统的中国育儿标准，这些行为可能会被错误地归为孩子不听话。其实恰恰相反，它们是孩子独立、自信和有主张的早期表现，应该培养和鼓励。所以，试着控制自己施展父母权威的自然冲动，把宝宝作为一个平等的人来进行互动。例如，当你要宝宝做一件事时，提建议而不是下命令。说"吃饭前你要不要先洗手？"和说"去洗手"，结果可能是一样的——宝宝洗了手。然而，通过提建议，你让宝宝有机会按照自己的意愿去行事。在适当时，让宝宝做选择，并尊重他/她的看法和喜好。

98

与宝宝交谈，并倾听他/她的心声

传统家庭中的心理交流较隐晦间接，注重多意会，少言传。随着现代生活日益复杂，言语沟通对保持个人心理健康和维系家庭关系不可或缺。晚饭时间是全家聚在一起、谈论各自经历想法的绝佳场合。你还可以在其他轻松的时候和宝宝聊天，如睡觉前，洗澡时，外出买东西，饭后散步，等等。谈话的长短随意，但要定期进行，最好是每天都有。通过这些随意的交谈，你可以了解宝宝和他/她的个性，宝宝也能了解你。询问宝宝对事对人的看法，例如，他/她是否喜欢某种食物，有多喜欢他/她的新玩具，想不想和朋友约个时间一起玩。认真听宝宝讲，告诉他/她你的看法。如果你的看法和宝宝的看法不一致，跟他/她讲事情有时候可以从不同的角度来看，不总是只有一个正确答案。宝宝因一些事情困扰时，如和朋友起了冲突，和他/她交谈，并提建议来帮助他/她解决问题。这个年纪的孩子还不能自己主动传达很多信息，你可以通过问具体的问题（如问"你今天玩新玩具了吗？"而不是问"你今天做了什么？"）以及扩充和评论宝宝的话（如"哇，听起来很有趣！这个玩具能玩这么多花样！我很高兴你和John一起玩。"）来帮助宝宝参与交谈。定期和宝宝交流能增强他/她的自信，社交和沟通技能，思考能力和安全感。 情 智

99 培养宝宝的独特感

虽然传统社会主张"枪打出头鸟",但在崇尚个性解放的现代社会,与众不同则备受欣赏。所以,帮助宝宝认识自己的独特之处,并为此感到自豪。宝宝在发展自我意识的同时,也开始发展各种各样的兴趣爱好。表达你对宝宝独特性的欣赏,并认可他/她的兴趣和能力。鼓励并帮助他/她探索自己的兴趣,通过探索来更加了解自己。帮助宝宝了解其他人,反过来这也可以帮助他/她了解自己。给宝宝讲那些坚持自我的人物故事。外外最喜欢的故事是关于一个想要种胡萝卜的小男孩,虽然每个人都告诉他胡萝卜不会长出来,小男孩也义无反顾,依然每天浇水除草,最后他收获了一个巨大的胡萝卜!这是一个关于坚持、自信和忠于自己的好故事。另外,鼓励宝宝表达自己,这可以通过多种方法来做。如和宝宝谈论他/她的经历,问他/她做了什么,感受如何,最喜欢的是什么。让宝宝选择自己的衣服、玩具和玩的方式。鼓励宝宝唱歌、跳舞、画画,虽然他/她可能不是世界上最好的歌手、舞者和画家,让他/她知道你就是喜欢他/她这样子。情

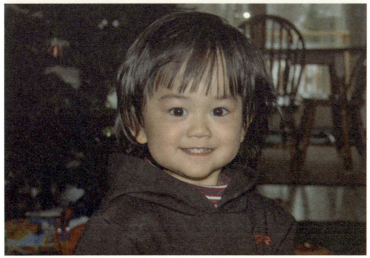

100 培养一个懂得感恩的宝宝

在很多经济条件好的家庭,孩子想要什么,爸爸妈妈就给买什么。即使在一些经济条件一般的家庭,父母也节衣缩食,尽量满足孩子的需求。时间一长,孩子就会认为他/她所拥有的一切都是理所应当的,而没有那份应有的感恩之心。早早地引导宝宝懂得感恩,从日常生活中的点滴做起。首先教宝宝学会说谢谢,比如宝宝跟你要饼干吃,给他/她饼干之前问他/她:"你该说什么?""让我听听那句神奇的话。"奶奶送给宝宝一个礼物,你和宝宝一起给奶奶写一张感谢卡,让宝宝送给奶奶,看看奶奶有多高兴。你受人之恩时,当着宝宝的面感谢对方,为宝宝作榜样。当然,知道说谢谢和懂得感恩是两码事。要让宝宝从有礼貌到真正的感恩,需要让他/她体验感恩到底是什么感觉,被感恩又是什么感觉。当宝宝为你做了件好事,比如给你拿拖鞋,或是给你画了一幅画,给他/她一个大大的拥抱,告诉他/她你多么感激他/她为你做的事,他/她让你多么开心。两岁后的孩子已经发展了自我意识情绪,如同情心,羞愧,内疚和自豪。这让宝宝懂得他们的行为如何导致他人的情绪反应,并由此产生同感:我让妈妈开心,妈妈开心,我就开心。在你的帮助下,宝宝能学会体验真正的感激之情,并能真正地感恩。一个懂得感恩的孩子,也会是一个懂得满足的孩子,那他/她也会是一个快乐的孩子。有一个懂得感恩的孩子的爸爸妈妈,是幸福的爸爸妈妈。情